*Hans-Joachim Geist*

# Blitzableiter

## planen und montieren

Elektor-Verlag, Aachen

© 2002: Elektor-Verlag GmbH, Aachen

Alle Rechte vorbehalten

Die in diesem Buch veröffentlichten Beiträge, insbesondere alle Aufsätze und Artikel sowie alle Entwürfe, Pläne, Zeichnungen und Illustrationen sind urheberrechtlich geschützt. Ihre auch auszugsweise Vervielfältigung und Verbreitung ist grundsätzlich nur mit vorheriger schriftlicher Zustimmung des Herausgebers gestattet.

Die Informationen im vorliegenden Buch werden ohne Rücksicht auf einen eventuellen Patentschutz veröffentlicht. Die in diesem Buch erwähnten Soft- und Hardwarebezeichnungen können auch dann eingetragene Warenzeichen sein, wenn darauf nicht besonders hingewiesen wird. Sie gehören den jeweiligen Warenzeicheninhabern und unterliegen gesetzlichen Bestimmungen.

Bei der Zusammenstellung von Texten und Abbildungen wurde mit größter Sorgfalt vorgegangen.Trotzdem können Fehler nicht vollständig ausgeschlossen werden. Verlag, Herausgeber und Autor können für fehlerhafte Angaben und deren Folgen weder eine juristische Verantwortung noch irgendeine Haftung übernehmen.

Für die Mitteilung eventueller Fehler sind Verlag und Autor dankbar.

Umschlaggestaltung: Ton Gulikers, Segment, Beek (NL)
Satz und Aufmachung: Jürgen Treutler, Headline, Aachen
Druck: WILCO, Amersfoort (NL)

1. Auflage
Printed in the Netherlands

ISBN 3-89576-094-3
Elektor-Verlag GmbH

# Inhaltsverzeichnis

Vorwort ................................................................................................ 5
1. **Allgemeines** ................................................................................ 7
1.1 Mythologie, Aberglaube und Geschichte ............................................ 7
1.2 Gewittermeteorologie ...................................................................... 16
1.3 Gewitterhäufigkeit und Dichte der Erdblitze ..................................... 22
1.4 Blitzentladung und Blitzkennwerte .................................................. 27
1.5 Der Kugelblitz ................................................................................ 39
1.6 Blitzinformationssysteme ................................................................ 42
1.7 Blitzschäden .................................................................................. 49
1.8 Verhaltensregeln ............................................................................ 57
1.9 Erste Hilfe für Blitzopfer ................................................................. 62
1.10 Blitze fotografieren ........................................................................ 66
1.11 Dunkelblitze (Spherics) .................................................................. 71

2. **Äußerer Blitzschutz** ................................................................... 77
2.1 Fangeinrichtung ............................................................................ 77
2.2 Ableitung ...................................................................................... 85
2.3 Näherungen .................................................................................. 91
2.4 Erdungsanlage .............................................................................. 99
2.5 Antennenerdung .......................................................................... 107
2.6 Erdungswiderstandsmessung ........................................................ 115
2.7 Erdwiderstandsmessung ............................................................... 123

**Anhang** ......................................................................................... 127
Grafische Symbole für Blitzschutzanlagen nach DIN 48 820 ................. 127
Blitzschutz für ein Wohnhaus ............................................................. 128
Planzeichnung der Äußeren Blitzschutzanlage ..................................... 129
Blitzschutznormen .............................................................................. 130
Herstelleradressen .............................................................................. 133
    Erdung, Potientialausgleich, Blitz- und Überspannungsschutz ......... 133
    Materialien und Ausrüstungen zum Schutz gegen elektrostatische
    Aufladungen .................................................................................. 136
Internetadressen ................................................................................ 137
    www.conrad.de .............................................................................. 137
    www.phoenixcontact.com ............................................................... 138
    www.wetteronline.de ..................................................................... 139
    www.proepster.de ......................................................................... 139
    www.bettermann.de ...................................................................... 140
    www.citel.de ................................................................................. 141
    www.kleinhuis.de .......................................................................... 142

# Inhaltsverzeichnis

www.bodo-kroll.de/stories/blitz.htm .................................................................. 143
www.deutsches-museum.de .................................................................................. 143
www.b-s-technic.de ................................................................................................ 144
www.vdb.blitzschutz.com ...................................................................................... 145
www.aixthor.com .................................................................................................... 146
www.blitzschutz.de ................................................................................................ 146
www.chauvin-arnoux.de ....................................................................................... 148
www.vds.de ............................................................................................................. 148
www.baumarkt.de .................................................................................................. 149
www.baumarkt.de/b_markt/fr_info/gewitter.htm ........................................... 149
dach-info.de ............................................................................................................ 150
home.t-online.de/home/NDickmeis/blitz.htm ................................................. 150
www.nedri.de ......................................................................................................... 151
www.va.austriadraht.at/langproduktegruppe .................................................. 152
www.hofi.de ............................................................................................................ 152
www.raychem.de ................................................................................................... 153
www.helita.com ..................................................................................................... 154
www.spherics.de .................................................................................................... 155
www.met.fu-berlin.de ............................................................................................ 156
www.naturschau.at ................................................................................................ 156
www.gmc-instruments.de ..................................................................................... 157
www.stp-gateway.de/Archiv/archiv369.html ................................................... 158
www.hilo-test.de .................................................................................................... 159

# Vorwort

In unserer hoch technisierten Welt ist die Abhängigkeit von Computern, elektrischen Anlagen und elektronischen Geräten größer als je zuvor. Es können Millionenschäden entstehen, wenn die Naturgewalt eines Gewitters mit atmosphärischen Entladungen sein Unwesen treibt. Aber nicht nur finanzielle Nachteile können sich als Folge von Blitzeinwirkungen ergeben, sondern Leib und Leben können in Gefahr sein, wenn die Verhaltensmaßregeln bei Gewittern keine Beachtung finden.

Angefangen mit der Mythologie, dem Aberglauben und der Geschichte des Blitzschutzes bis hin zu der Errichtung eines Äußeren Blitzschutzes, enthält dieses Praxisbuch viel Wissenswertes zum Thema Blitz und Donner.

Viele aufschlussreiche Internet-Adressen, die mit Kurzbeschreibung und Bildschirmfotos dargestellt sind, runden das Buch ab.

Der Autor Hans-Joachim Geist befasst sich seit 1986 in Theorie und Praxis sehr intensiv mit der Problematik des Blitz- und Überspannungsschutzes. Durch seine jahrelange Erfahrung auf diesem sehr speziellen Gebiet verfügt der Verfasser über ein fundiertes Fachwissen, das er mit diesem Buch an interessierte Leser weitergibt.

# 1. Allgemeines

## 1.1 Mythologie, Aberglaube und Geschichte

Zeus galt in der griechischen Mythologie als höchster Gott. Er stürzte mit seinen Brüdern Poseidon und Hades die Herrschaft der Titanen. Die beiden Brüder von Zeus beherrschten das Meer und die Unterwelt. Zeus selbst galt als uneingeschränkter Herrscher über Himmel und Erde. Er sorgte unter anderem für Gerechtigkeit und die Einhaltung von Eid und Vertrag. Darüber hinaus wachte er auch über den sozialen und sittlichen Bereich. Verstöße gegen seine Gesetze pflegte er mit Blitzschlägen zu bestrafen (Bild 1.1.1).

Zeus: Urheber von Blitz und Donner

Bei den alten Römern war Jupiter der höchste Gott. Beherrscher des Himmels, des Lichts, des Blitzes und des Regens. Er sorgte besonders für die Einhaltung von Recht und Wahrheit. Zugleich war Jupiter auch Beschützer des Staates und von Haus und Hof. Er war dem griechischen Gott Zeus gleichgestellt. Die Guten wurden vor den Bösen stets geschützt, die Bösen bestraft. Jupiter zu Ehren soll der Hauswurz (*semper vivium tectorum*) auch Jupiterbart (*jovis barba*) oder Donnerkraut genannt worden sein. Der Glaube, dass man gegen Blitzschlag geschützt war, wenn man Hauswurz auf dem Hausdach oder bei der Hauseinfahrt anpflanzt (Bild 1.1.2), ist heute noch in manchen Gegenden weit verbreitet. Der Hauswurz gilt

Bild 1.1.1.

Bild 1.1.2.

# 1. Allgemeines

auch im alemannischen Raum als Blitzschutzpflanze. Vor allem im Elsaß, der Schweiz und in Österreich ist dieser Aberglaube heute noch anzutreffen. Selbst den Brennnesseln sagen abergläubische Österreicher Kräfte nach, die vor Blitzeinschlägen schützen.

Über Jahrtausende hinweg beherrschten die Blitzgötter den Himmel. Thor (Donar), der alte germanische Gott, schleuderte seine Waffe, den Thorhammer, gegen Riesen, die den Regen zurückhielten. Zu seinen Waffen gehörten natürlich auch die Blitze, die das Vieh erschlugen, und der Hagel, der Ernten vernichtete.

In der westlichen Welt hielten sich die Mythen und Göttersagen viele Jahrtausende. Der jüdische Prophet Moses hat nach der Legende um 1.300 vor Christus einen großen Kondensator mit Gewitterelektrizität geladen und widerspenstige Israeliten mit Entladungsschlägen bestraft.

*Bild 1.1.3.*

Hexen erzeugen ein Gewitter
(Aberglaube im 16. Jahrhundert)

Um sein Volk zu beeindrucken, ließ sich Moses in einen Metallkäfig, zusammen mit der Bundeslade, an dem großen Kondensator vorbeitragen. Die Funkenüberschläge konnten ihm im Käfig nichts anhaben. Das brachte Moses große Ehrfurcht und starke Bewunderung.

Der bekannte Autor Erich von Däniken bringt diese Handlung mit außerirdischen Wesen von höherer Intelligenz in Verbindung. Seiner Meinung nach können die Menschen, was die Elektrizität betrifft, zu dieser Zeit noch nicht so weit gewesen sein.

Im Mittelalter wurden nicht mehr die Götter, sondern die Wetterhexen für Blitz und Don-

## 1.1 Mythologie, Aberglaube und Geschichte

ner verantwortlich gemacht. Hexen waren im Volksglauben Frauen, die mit dem Teufel im Bund stehen und über dämonische Kräfte verfügen. Als Erkennungszeichen galt, dass ihnen die Haare über das Gesicht hingen. Besonders von 1400–1700 gab es Hexenverfolgungen und Hexenprozesse, denen zahlreiche unschuldige Frauen zum Opfer fielen. Die Dominikaner führten die Hexenprozesse im großen Stil durch. Um Geständnisse für die Hexereien zu erzwingen, wurden grauenhafte Foltermethoden angewandt. Den Sagen nach gab es alte Frauen, die mit einem Haselstecken kreisförmige Bewegungen machten und zugleich unverständliches Zeug vor sich hin murmelten. Blickte die Frau in die Höhe, kamen kurze Zeit später schwere Gewitter. Wetterhexen sagte man auch die Fähigkeit nach, dass sie mit speziellen Rezepten ein Gewitter brauen können (Bild 1.1.3 und 1.1.4). Erst im 18. Jahrhundert wurde dieser Wahnsinn abgeschafft.

**Wetterzauber**
Hexen erzeugen ein Unwetter, Holzschnitt 16. Jahrhundert, aus Hammes, Hexenwahn und Hexenprozesse, Fischer Taschenbuch Nr. 11818, Frankfurt

*Bild 1.1.4.*

Die nachfolgend aufgeführten, uralten Blitzschutz-Ratschläge (Aberglaube) sind bis in die heutige Zeit überliefert worden. Es soll immer noch Menschen geben, die eine oder auch mehrere von diesen Regeln beachten.

## I. Allgemeines

- Bei Gewitter dürfen keine schnellen Bewegungen gemacht werden.
- Im Haus sind Durchzug und Zugluft zu vermeiden.
- Dampf oder Rauch zieht Blitze an.
- Nach jedem Blitz soll man sich bekreuzigen.
- Nicht in der Türe stehen bleiben.
- Fenster und Türen müssen geschlossen sein.

*Bild 1.1.5.*

- Sensen gegen Blitzschlag in einiger Entfernung vor dem Haus als Blitzableiter aufstellen.
- Keine metallischen Gegenstände wie Messer, Gabel, Schere oder Werkzeug berühren, da sie Blitze anziehen.
- Während des Gewitters unter eine Haselstaude begeben, dort bleibt man von Blitzen verschont.
- Herdfeuer bei Gewitter auslöschen.
- Geweihtes Holz zur Blitzabwehr unter lautem Beten verbrennen.
- Einen Lorbeerkranz (Bild 1.1.5) tragen. (Kaiser Nero hat sich bei jedem Gewitter einen Lorbeerkranz aufgesetzt.)
- Das Haus mit einem Margaritenkranz schützen, der über der Haustüre angebracht wird.
- Am Gründonnerstag oder Karfreitag das Ei einer schwarzen Henne über das Dach werfen. Anschließend das Ei an der Aufschlagstelle vergraben, so ist das Haus ein ganzes Jahr vor Blitzschlag geschützt.
- Männertreu, auch Donnerblume genannt, nicht ins Haus bringen. Diese Pflanze zieht den Blitz magisch an.
- Eulen und Fledermäuse sollen ebenfalls Blitze anziehen.
- Das Haus kann man vor Blitzschlag bewahren, indem man die Flügel einer Eule oder eine ganze Fledermaus an die Haustüre nagelt.

## 1.1 Mythologie, Aberglaube und Geschichte

- Das Läuten einer geweihten Glocke bietet Schutz gegen Blitz und Hagel.
- Einen Donnerstein (versteinertes Skelett eines Seeigels) als Blitzschutzamulett tragen.
- Taucht man Pfeilspitzen in die magische Asche eines vom Blitz getroffenen Baumes, verleiht das dem Pfeil Kraft und Genauigkeit.
- „Von den Eichen sollst du weichen, die Weiden sollst du meiden. Zu den Fichten flieh mitnichten, doch die Buchen musst du suchen."

Grundsätzlich kann jeder Baum vom Blitz getroffen werden. Auf Grund dessen ist immer ein Mindestabstand zu Bäumen einzuhalten. Auch dann, wenn neue Statistiken über Blitzeinschläge in England zeigen, dass der Blitz tatsächlich in Eichen häufiger einschlägt als in Buchen. Also war die alte überlieferte Volksweisheit („Eichen sollst du weichen" usw.) doch nicht so abwegig und bestätigt vermutlich nur das, was unsere Vorfahren schon lange wussten.

Und so oft schlug der Blitz in die verschiedenen Baumarten ein:

Eichen: 484, Pappeln: 284, Weiden: 87, Ulmen: 66, Kiefern: 54, Eiben: 50, Buchen: 39, Eschen: 33, Linden: 16, Lärchen: 11, Kastanien: 11, Ahorn: 11, Birken: 9, Erlen: 7, Weißdorn: 1.

Bis zum Beginn der Neuzeit gab es keinen anderen Blitzschutz als diese heidnischen und christlichen Bräuche. Bis dahin betrachteten die Philosophen und Priester den Blitz als Himmelsfeuer. Die Angst der Leute vor dem Zorn der Götter war verständlich. Denn es gab kaum eine Stadt, die früher nicht durch Blitzeinschlag niedergebrannt ist. Früher, das heißt vor der Erfindung des Blitzableiters von Benjamin Franklin (Bild 1.1.6). Bei seinem berühmten Drachenexperiment, das er im Jahre 1752 mit seinem Sohn durchführte, hielt er an die Drachenschnur einen Schlüssel, aus dem elektrische Funken sprühten. Das war der Beweis dafür, dass der Blitz eine elektrische Erscheinung sein muss. Um das Experiment rankten sich viele Legenden. Eines steht fest: Der Blitz schlug nicht wirklich in den Drachen ein, sonst hätte Franklin mit Sicherheit nicht überlebt. In Wahrheit geschah Folgendes: Bald nachdem der Drachen in den Himmel

# 1. Allgemeines

gestiegen war, sprangen Funken über, die auf die Spannungsdifferenz zwischen der elektrisch geladenen Wolke und der Erde zurückzuführen sind. Zu einer energiereichen Blitzentladung kam es mit Gewissheit nicht. Sondern es handelt sich hier um Funkenüberschläge, wie sie auch bei einer statischen Entladung auftreten. Heute weiß man, dass die Atmosphäre auch bei schönem Wetter unter Spannung steht. Mit der Erfindung des Blitzableiters hat Franklin das Himmelsfeuer in seine Schranken gewiesen. Er sagte: Wenn der Blitz nur elektrischer Strom ist, kann man ihn mit einem elektrischen Leiter in die Erde leiten. Also dahin, wo er keinen Schaden anrichten kann.

Benjamin Franklin: * 1706, † 1790
Schriftsteller, Physiker u. Politiker
(Erfinder des Blitzableiters)

*Bild 1.1.6.* Der Wunsch des Menschen, sich vor dem Blitz zu schützen, ist wahrscheinlich so alt wie die Menschheit selbst. Aus diesem Grund war auch die Begeisterung für diese Erfindung damals so groß, dass die Leute ihren eigenen Blitzableiter bauten. Sie trugen sogar Blitzableiter-Hüte, an denen ein auf der Erde schleifendes Drahtseil angebracht war. Heute kommt uns das lächerlich vor, aber damals war es eine Sensation, dass Blitze keine Waffen der Götter, sondern nur eine elektrische Erscheinung sind. Sogar praktikable Gegenmittel hatte man jetzt zur Verfügung, die natürlich auch angewendet wurden. Nur bei den Blitzableiter-Hüten ging man natürlich zu weit, denn dieser angebliche Blitzschutz zog die Blitze eher an, als dass er vor ihnen

## 1.1 Mythologie, Aberglaube und Geschichte

*Bild 1.1.7.*

Blitzableiterschirm von Barbeu Duburg. Ende 18. Jahrhundert.

**Schirm vom Blitz getroffen**

**Frau hatte Glück im Unglück**

Der aufsehenerregenste Zwischenfall ereignete sich in Waltersberg (Gemeinde Deining). Auf dem Weg zum 100jährigen Jubiläum der Raiffeisenbank Waltersberg wurde eine 19jährige vom Blitz getroffen, genauer: Der Blitz schlug in die Eisenspitze ihres aufgespannten Regenschirms ein. Die junge Frau bemerkte zunächst nichts" lediglich aus ihrem Ring - der Kontakt zu den Metallteilen des Schirmes hatte - seien Funken geflogen. Die Passantin ging sogar noch ins Festzelt. Später wurde es ihr jedoch übel und der verständigte Notarzt wies sie sicherheitshalber zur Beobachtung ins Neumarkter Krankenhaus ein, das sie gestern bereits wieder verlassen konnte. Sie trug lediglich leichte Hautrötungen davon.

Quelle: Neumarkter Nachrichten 16.7.97

*Bild 1.1.8.*

schützte. Wenn nämlich der Blitz durch den Draht in unmittelbarer Nähe der Beine in den Erdboden fährt, dann ist der Strom im Erdboden eine große Gefahr für den Hutträger. Hinzu kommt, dass ein Teil des Blitzstromes auch über den Hutträger oder über die Hutträgerin in die Erde fließt. Das gilt natürlich auch für die Blitzableiterschirme, die zur selben Zeit nicht nur als Schutz vor dem Regen, sondern auch als Blitzschutz getragen wurden (Bild 1.1.7).

Grundsätzlich kann man davon ausgehen, dass nicht jeder, bei dem der Blitz in den Regenschirm einschlägt, so ein unglaubliches Glück hat wie das 19-jährige Mädchen, das im Juli 1997 vom Blitz getroffen wurde (Bild 1.1.8). Wahrscheinlich hat, wie bei Franklins Drachenexperiment, der Blitz gar nicht wirklich in den Regenschirm eingeschlagen.

# 1. Allgemeines

Bild 1.1.9.

Franklin war aber nicht der Erste, der sich mit Blitz und Donner beschäftigte. Die Zusammenhänge zwischen einer elektrostatischen Entladung im Laboratorium und einer Blitzentladung wurden lange vor Franklins Zeit von dem Physiker und Ingenieur Otto von Guericke (1602–1686), der im Jahre 1670 mit Reibungselektrizität experimentierte, erkannt. Der Engländer William Wall entdeckte 1698, dass sich durch Reibung ein Stück Bernstein elektrisch aufladen lässt und durch die Entladung Miniaturblitze entstehen. Einen weiteren Beweis für Gewitterelektrizität lieferte der Franzose Thomas Francois Dalibard. Im Jahre 1752 baute er auf einem Hügel bei Paris eine 12 m hohe Eisenstange auf, die er gegen die Erde isolierte. Am 12. Mai konnte sein Gehilfe bei einem vorüberziehenden Gewitter 4 cm lange Funken aus dem Fuß der Eisenstange ziehen. Der Physikprofessor Georg Wilhelm Richmann wurde in Petersburg ein Jahr später getötet. Der Blitz schlug in die Eisenstange ein, als er versuchte, das Experiment des Franzosen zu wiederholen (Bild 1.1.9).

Nach Franklins Vorschlag für einen Gebäudeblitzschutz (Fangspitzen auf dem Dach, die über metallische Leiter mit der Erde verbunden werden) war die Zeit für die Installation der ersten Blitzableiter gekommen. Ein Priester errichtete im Jahre 1754 als

## 1.1 Mythologie, Aberglaube und Geschichte

einer der Ersten auf einem Kloster in Mähren einen Blitzableiter gemäß Franklins Vorschlag. Im Jahr 1760 baute Franklin in Amerika den ersten Blitzableiter für ein Gebäude. Dieser Blitzableiter bestand damals aus hohen metallischen Auffangspitzen und metallenen Ableitungen, die in das Grundwasser eingeführt wurden. Eines steht mit Sicherheit fest: Franklin, der geniale Politiker und Denker, hat das Fundament für die Erforschung der Elektrizität und für den modernen Blitzschutz gelegt. Durch Franklins Entdeckung haben die Menschen ihre Angst vor den Blitzgöttern verloren.

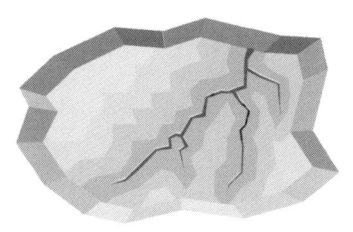

**VERSTEINERUNG EINES BLITZES**

*Bild 1.1.10.*

Blitze gab es auf der Erde, bevor sich das erste Leben entwickeln konnte. Einen Beweis für urzeitliche Blitze liefern versteinerte Blitze (Bild 1.1.10). Dass es sich bei diesen Versteinerungen um Blitze handelt, das wissen wir. Im Labor erzeugte Blitze, die zum Beispiel im Quarzsand einschlagen, schmelzen den Sand und formen Röhren, die fast genauso aussehen wie die Versteinerungen, die Forscher von atmosphärischen Blitzen fanden.

Aber jetzt zu der wichtigsten Geschichte von Blitz und Donner. Sie sollen dazu beigetragen haben, dass auf der Erde Leben entstehen konnte. Dazu müssen wir einige Milliarden Jahre zurück in die Urzeit. Die Erde war damals noch wüst und leer, ohne jedes Leben, und in der Lufthülle war kein Sauerstoff. Nur giftige Gase und Dämpfe waren vorhanden. Trotzdem hat das Leben auf der Erde begonnen. Ein amerikanischer Student hat mit seinem Experiment bewiesen, dass Blitze für die Entstehung des Lebens auf der Erde verantwortlich waren. In den fünfziger Jahren führte er ein geniales, aber einfaches Experiment durch. Der Student gab die Gase der damaligen Lufthülle (wie Ammoniak, Wasserdampf usw.) in eine Glaskugel und ließ es in der Kugel blitzen (Bild 1.1.11). Nach einigen Tagen waren in der Kugel organische Molekühle, so genannte Aminosäuren entstanden, die Grundbausteine allen Lebens auf der Erde. Das heißt: Durch Blitze wurden nicht nur Städte niedergebrannt, Menschen und Tiere getötet, sondern sie haben auch für die Entstehung allen Lebens auf der Erde das Rohmaterial geliefert.

# 1. Allgemeines

Bild 1.1.11.

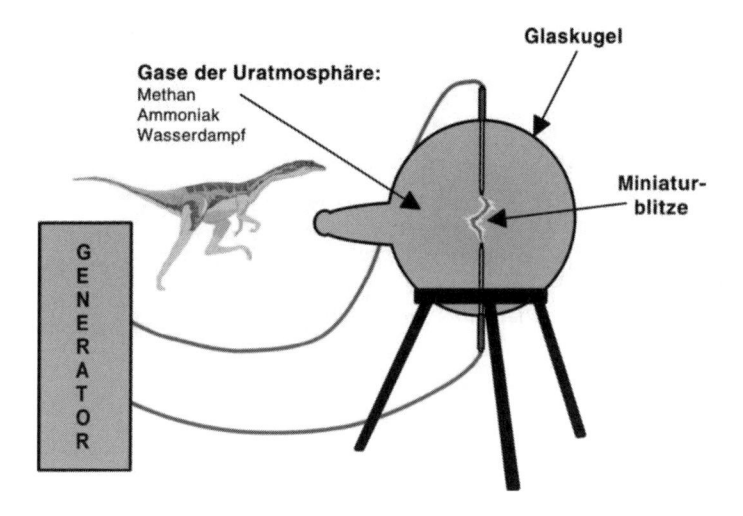

## 1.2 Gewittermeteorologie

Der Begriff Meteorologie kommt aus dem Griechischen und bedeutet soviel wie *Wissenschaft, die sich mit dem In-der-Luft-Schwebenden befasst*. Der Mensch hat sich, besonders im letzten Jahrhundert, sehr weit von der Natur entfernt, und nur noch wenige interessieren sich für Dinge, die in der Luft schweben. Wir haben alle überlieferten Erfahrungen zum größten Teil vergessen. Daher sind wir auf die unverbindlichen Informationen der Wetterfrösche angewiesen. Gewittervorhersagen sind aber oft nicht richtig, weil man zwischen der Großwetterlage und ihrer Bedeutung für einen bestimmten Kleinbereich keine Verbindung mehr herstellen kann. Die regionale Auswirkung einer gemeldeten Großwetterlage sollte aber jeder selbst erkennen können. Dafür ist es wichtig, dass man wieder eine Vertrautheit zum Wetter herstellt, die es ermöglicht, die typischen Ankündigungen eines Gewitters bereits an der Wolkenbildung zu erkennen.

Als sichtbar gewordene Luftfeuchtigkeit sind die Wolken eine physikalische Folge unterschiedlicher Lufttemperatur und des Ausgleichs zwischen Gebieten mit hohem und niedrigem Luftdruck. Wegen der Erwärmung, die tagsüber durch die Sonneneinstrahlung entsteht, und der nächtlichen Abkühlung ist das

## 1.2 Gewittermeteorologie

*Bild 1.2.1.*

Luftgewand der Erde in ständiger Unruhe. Im Bestreben nach Ausgleich gestalten die sichtbar gewordenen Luftmassen unser Wetter, mit allen Begleiterscheinungen wie Wind, Wolken, Regen und Gewitter.

Ideale Voraussetzung für die Geburtsstunde einer Gewitterwolke ist sehr feuchte und heiße Luft, die sich in einem Wolkengebirge auftürmt. Hoch oben kühlt sich der Wasserdampf ab und kondensiert. Luft steigt immer dann auf, wenn entweder die kräftige Sonneneinstrahlung im Sommer sie vom Boden ablöst oder wenn sie durch ein Hindernis, wie z.b. einem Bergrücken, gezwungen wird, in die Höhe auszuweichen. Solche Hebungsvorgänge entstehen auch, wenn Kaltluft mit großer Kraft heranströmt und die wärmere Luft regelrecht in die Höhe schießt.

Wie kaum ein anderes Wetterereignis lässt sich die Entwicklung einer Gewitterwolke wunderbar verfolgen. Die ersten Anzeichen einer entstehenden Gewitterwolke (*Cumulonimbus colvus*) können schon gegen Mittag am Himmel zu sehen sein (Bild 1.2.1). Sie bildet sich aus so genannten Haufenwolken. Bei anhaltender Thermik werden die Haufenwolken weiter mit feuchtem Nachschub versorgt und wachsen schnell zu einer Gewitterwolke heran. Aus den kleinen weißen Wolken wird allmählich eine immer größere. Der Fuß einer Gewitterwolke färbt sich

# 1. Allgemeines

*Bild 1.2.2.*

langsam dunkel, fast schwarz. Darüber wölbt sich, bis in eine Höhe von mehr als 10 km, ein massiger Wolkenturm mit gleißend hellen und dunklen schattigen Bereichen. Die Meteorologen sprechen bei Gewitterwolken von so genannten Cumulonimben (Bild 1.2.2).
In einer Höhe von 4.000 bis 9.000 Metern ist die ehemalige Haufenwolke nur noch in ihrem unteren Teil eine Wasserwolke, im kalten Oberteil, mit Temperaturen unter minus 10 °C, besteht sie aus feinen Eisnadeln. Durch die Vereisung im oberen Teil der Gewitterwolke verschwimmen die vorher scharfen Ränder, der Kopf des Gewitterturmes wirkt ausfließend glatt oder faserig und nimmt eine einem Amboss ähnliche Gestalt an. Aus dem kurze Zeit zuvor noch harmlosen kleinen Sommerwölkchen ist ein Wolkengigant, eine voll ausgebildete Gewitterwolke (*Cumulonimbus capillatus*) herangewachsen, der man ihre ungeheure Energie, die in ihr steckt, auch äußerlich ansehen kann.
Gewitterwolken können zwei Entwicklungsphasen durchmachen. Glatzköpfig (*colvus*) und dann behaart (*copillotus*). Mit diesen sonderbaren Ausdrücken beschreiben die Meteorologen das Anfangsstadium und die endgültige Ausformung einer Gewitterwolke. Ihre Obergrenze ist am Ende nicht mehr eiförmig glatt. Die Wolke ist zu einen pilzförmigen Eisschild herange-

## 1.2 Gewittermeteorologie

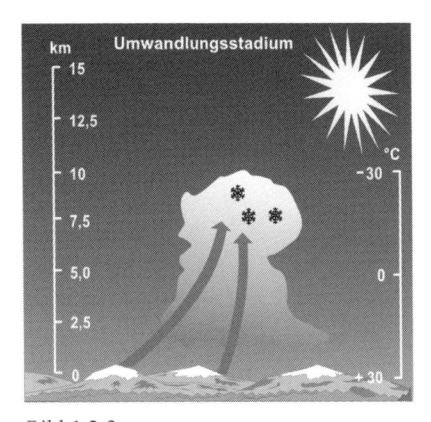

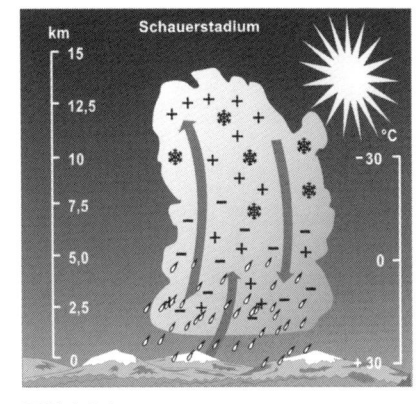

Bild 1.2.3.

Bild 1.2.4.

wachsen, deren Aussehen vom Winde verwehten, strähnigen weißen Haaren gleicht. Es führen bei weitem nicht alle Cumulonimbuswolken zu Gewittern. Oft bringt diese Wolkenart nur intensiven Regen, Hagel oder Schnee. Für die Entstehung eines Gewitters benötigt diese Wolke zusätzlich die Kombination von feuchter und warmer Luft, die wir als schwül und drückend empfinden. Die schwüle Luft ist das Lebenselexier und oftmals der Vorbote eines Gewitters.

Die Bilder 1.2.3 bis 1.2.5 zeigen den Werdegang einer Wärmegewitterwolke vom Umwandlungsstadium bis zum Endstadium.

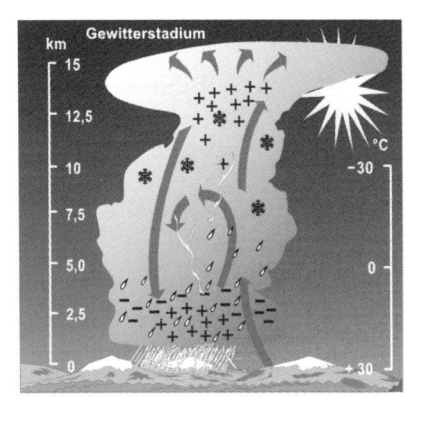

Bild 1.2.5.

Ein Wärmegewitter kann sich im Gegensatz zu einem Frontgewitter nur tagsüber aufbauen. Jedoch kann es bis in die späten Nachtstunden, mit mächtigen Feuerstrahlen (Bild 1.2.6) und furchteinflößenden Donnern, sein Unwesen treiben. Die Wärmegewitter kommen am häufigsten vor. In der Sommerhitze entstehen sie überall in Mitteleuropa (Bild 1.2.7). Typisch für Wärmegewitterwolken ist, dass sich in ihren oberen und unteren Bereich die positiven Ladungen befinden. Die negativen Ladungen

# I. Allgemeines

*Bild 1.2.6.*

*Bild 1.2.7.*

entstehen im Normalfall bei Temperaturen zwischen minus 10 °C und minus 20 °C, im mittleren Teil der Gewitterwolke. Auf dem Bild 1.2.8 sind die Temperaturen rund um den Globus in Abhängigkeit von der Höhe dargestellt.

Wärmegewitter sind keine Vorboten einer Schlechtwetter- oder Kaltwetterfront. Nachdem sie sich entladen und beruhigt haben (ca. 20 bis 120 Minuten), kommt meist das schöne Sommerwetter zurück.

**Tages- und Jahresgang der Gewitterwahrscheinlichkeit in Mitteleuropa**

Quelle: Prof. Dr. Ing. Baatz, Mechanismus des Gewitters und Blitzes, VDE-Schriftenreihe 34

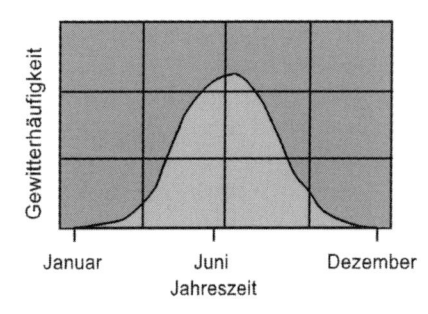

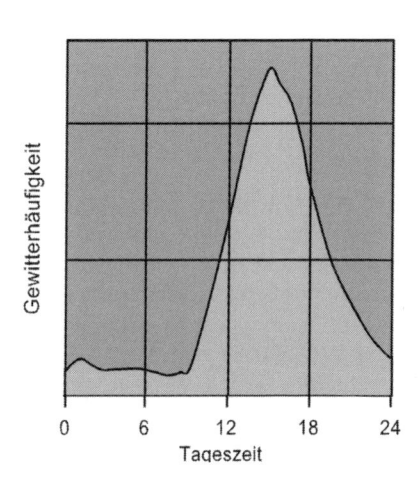

## 1.2 Gewittermeteorologie

*Bild 1.2.8.*

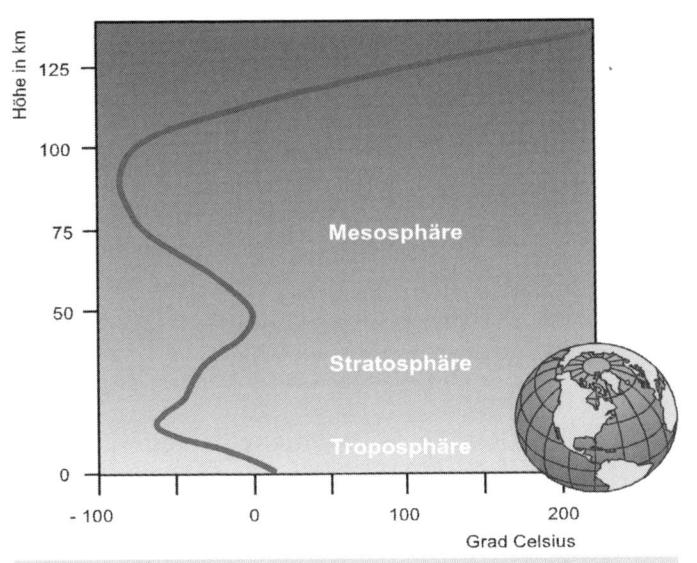

**In der Troposphäre nimmt die Temperatur je km Höhe um ca. 6° ab**

Einen Wetterumschwung leiten dagegen die so genannten Kaltfrontgewitter ein. Sie entstehen, wenn eine Kaltfront auf warme Luftmassen trifft und diese schnell in die Höhe schiebt. Nach einem Kaltfrontgewitter im Sommer folgt oft starke Abkühlung, in Verbindung mit Regen. Entgegen den Wärmegewittern sind Frontgewitter weder an die Tages- noch an die Jahreszeit gebunden. Sie können uns auch in der Nacht und im Winter überraschen. Gewitter, die im Winter auftreten, sind allerdings sehr selten, weil in der Winterluft nur wenig Wasserdampf enthalten ist. Die Entladungen in einer winterlichen Gewitterwolke sind auf wenige Blitze beschränkt, die aber sehr energiereich sein können.

Die Cumulonimben einer Kaltfront sind keine regionalen Einzelgänger wie die eines Wärmegewitters. Sie können wie riesige elektrische Monster aus Wasser und Eis, über die gesamte Front, nebeneinander und hintereinander, ihr Unwesen treiben.

# 1. Allgemeines

## 1.3 Gewitterhäufigkeit und Dichte der Erdblitze

Unter *Gewitterhäufigkeit* versteht man die Anzahl der Gewittertage pro Jahr. Die Meteorologen sprechen hier vom so genannten keraunischen Pegel. *Isokeraunen* nennt man die Verbindungslinien, die auf einer Landkarte ein Gebiet mit gleicher Gewitterhäufigkeit kennzeichnen.

*Bild 1.3.1.*

Früher wurde jeder Tag, an dem an einer Beobachtungsstation nur einmal ein Donner gehört wurde, als ein Gewittertag registriert. Im Durchschnitt kann man einen Donner entsprechend

**Regionale Verteilung der Gewitterhäufigkeit und Zahl der Erdblitze je km² in der BRD**

< 20 Gewittertage
20 - 25 Gewittertage
25 - 30 Gewittertage
30 - 35 Gewittertage
> 35 Gewittertage

Durchschnittliche Zahl jährlicher Erdblitze je km²
2,2
2,8
3,4
4,0

*Mittelwerte 1951-1980*
Quelle: Deutscher Wetter Dienst

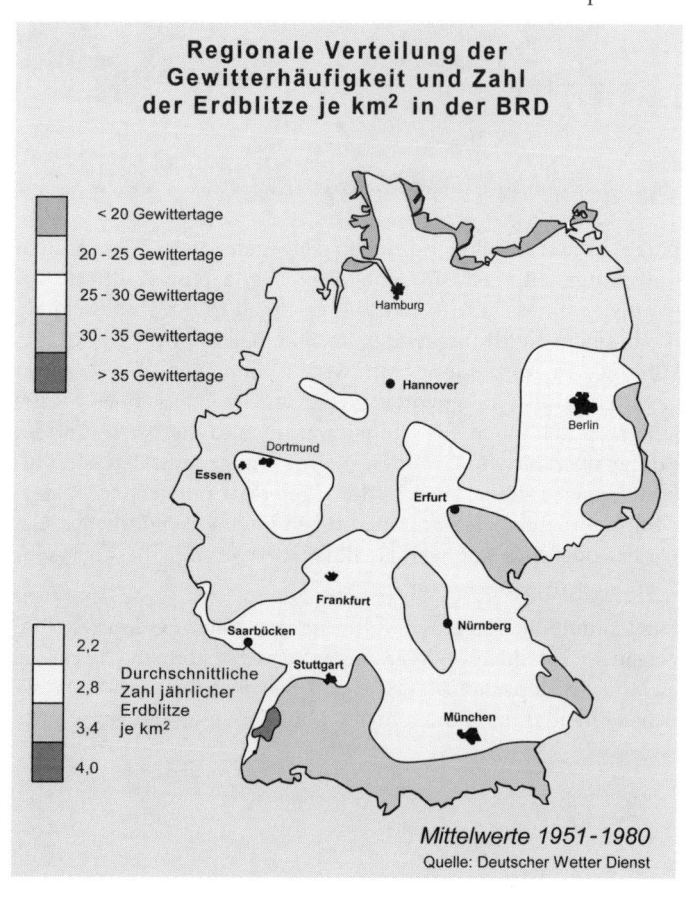

## 1.3 Gewitterhäufigkeit und Dichte der Erdblitze

**Gewitterhäufigkeit in Österreich**
(Isokeraunenkarte)

Zahl der Gewittertage je Jahr

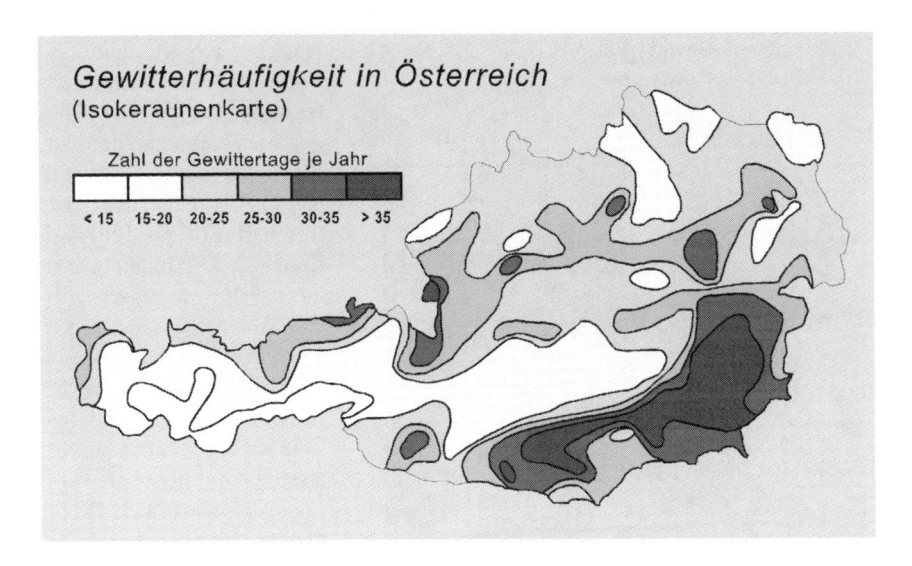

< 15   15-20   20-25   25-30   30-35   > 35

*Bild 1.3.2.*

den landschaftlichen Gegebenheiten, Windrichtung usw. ca. 15 bis 20 km weit hören. Das heißt, ein Beobachter registriert alle Gewitter, die sich in diesem Umkreis ereignen.

Bei ca. 20 bis 30 Gewittertagen blitzt es in Deutschland durchschnittlich 1.000.000-mal pro Jahr (Bild 1.3.1). Auch weltweit blitzt es etwa 1.000.000-mal, aber nicht pro Jahr, sondern pro Stunde; etwa 100 Blitze treffen jede Sekunde die Erde. Natürlich sind das nur ziemlich grobe Werte, daher die runden Summen.

In Österreich ist die durchschnittliche Anzahl der Gewittertage etwas höher als in Deutschland. Sie liegt etwa bei 25 bis 30 Gewittertagen im Jahr (Bild 1.3.2).

Kompetente Ansprechpartner für klimatologische Fragen sind in Deutschland beim Deutschen Wetterdienst zu erreichen. In elf regionalen Büros arbeiten Klimaexperten für die einzelnen Bundesländer. Das zentrale Gutachtenbüro in Offenbach ist für überregionale und regionale Kundenanfragen aus Hessen zuständig.

Der DWD verfügt seit November 1995 über die Daten aus dem Blitzortungssystem der Firma Siemens und ist selbstverständlich auch im Internet (dwd.de) präsent.

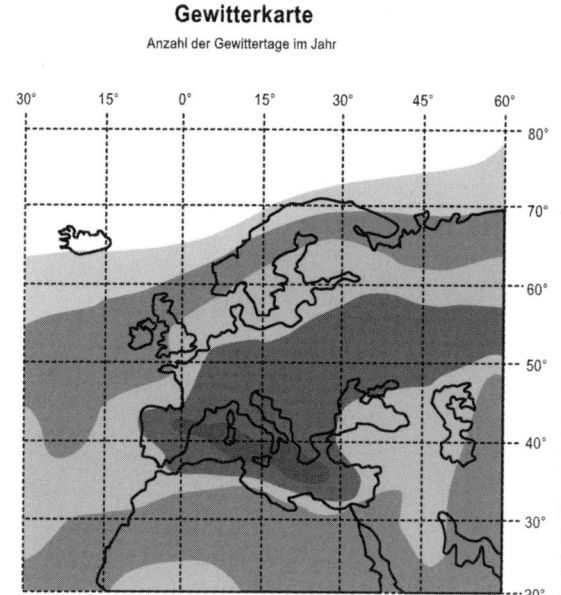

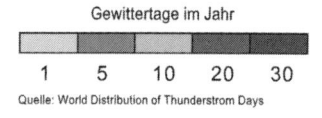

# I. Allgemeines

**Gewitterkarte**
Anzahl der Gewittertage im Jahr

Gewittertage im Jahr
1  5  10  20  30
Quelle: World Distribution of Thunderstrom Days

*Bild 1.3.3.*

Nach Expertenmeinung lässt die zu kurze Erfassungsperiode der sehr genauen Siemensdaten derzeit noch keine verbindlichen Angaben über die durchschnittliche Blitzhäufigkeit zu. Für statistisch gesicherte durchschnittliche Werte verwenden Klimatologen im Allgemeinen dreißigjährige Bezugsperioden. Erst solch lange Zeiträume gestatten zuverlässige Durchschnittswerte und Aussagen über die regionale Verteilung der Gewitterhäufigkeit in Deutschland. Sie berücksichtigen aber keine Änderungen des globalen Klimas, die sich als Folge der bekannten Umweltbelastungen ergeben könnten. Obwohl sehr viele Steuergelder in die Klimaforschung fließen, weiß man bis heute nicht, ob der Kohlendioxidanstieg ($CO_2$) Ursache oder Wirkung einer globalen Erwärmung ist. Eine globale Erwärmung, bzw. die damit verbundene Steigerung der Gewitterhäufigkeit, kann aber nur zuverlässig durch eine langjährige Statistik ermittelt werden. Das heißt, wir wissen erst dann Bescheid, wenn es eventuell schon zu spät ist.

Für Mitteleuropa gelten wie für Deutschland auch die durchschnittlichen 20 bis 30 Gewittertage pro Jahr (Bild 1.3.3).

Die Anzahl der Gewittertage nimmt, von Deutschland aus betrachtet, nach Norden hin ab. In Nordskandinavien zählen die Statistiker nur noch fünf Gewittertage pro Jahr. Die Gewitterhäufigkeit ist allerdings von Jahr zu Jahr und von Gebiet zu Gebiet sehr unterschiedlich. An den Küsten ist die Gewitter-

## 1.3 Gewitterhäufigkeit und Dichte der Erdblitze

### Gewitterkarte
Anzahl der Gewittertage im Jahr

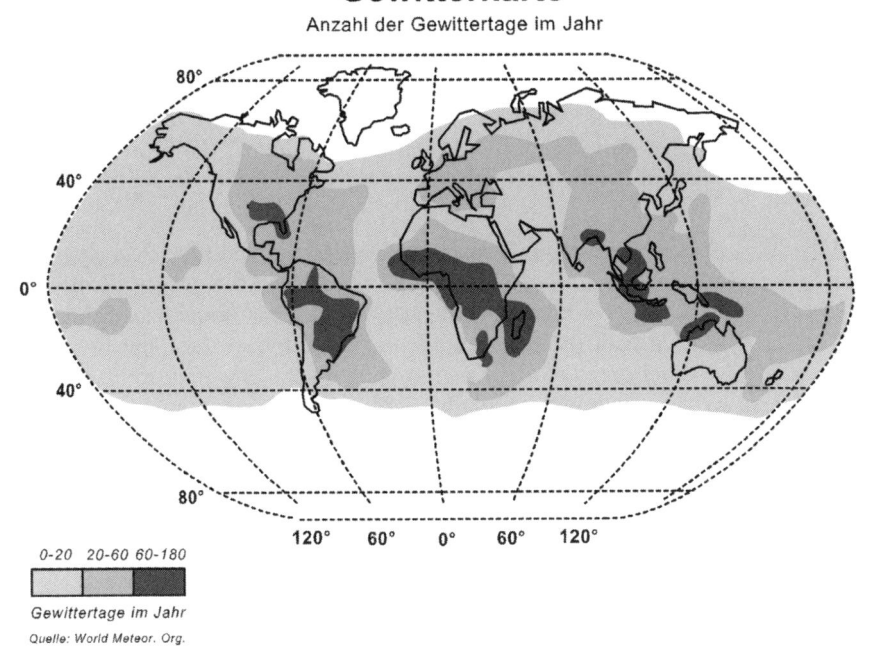

0-20  20-60  60-180

Gewittertage im Jahr
Quelle: World Meteor. Org.

tätigkeit geringer als über dem Binnenland. Auch größere Seen und Berge beeinflussen die Häufigkeitsverteilung.

Die meisten Gewitter ereignen sich in der Nähe des 40.075 km langen Äquators (Bild 1.3.4), der Teilungslinie zwischen der nördlichen und südlichen Halbkugel unserer Erde. Besonders oft blitzt es in den tropischen Teilen von Afrika und Südamerika sowie über Südostasien und Zentralamerika. Mit über 200 Gewittertagen pro Jahr toben in diesen Gebieten fast 70 % aller Gewitter. Nirgendwo sonst auf der Erde sind die Gewitter mit ihren Stromgiganten so gewaltig wie in Uganda, das mit einem Gebiet nördlich vom Viktoriasee den Weltrekord mit 242 Gewittertagen hält.

Bild 1.3.4.

# 1. Allgemeines

Allerdings gelten die 242 Tage nicht als langjähriger Durchschnitt, sondern es handelt sich hier um einen einmaligen Spitzenwert.

Die Tropen gelten heute als Motor des Weltklimas. Von hier werden Luftmassen und Meeresströmungen um unseren blauen Planeten gelenkt. Die kleinste Schwankung der Durchschnittstemperatur kann sich bis zum letzten Winkel der Erde auswirken.

Die nördlichste Ecke Australiens gilt während der Regenzeit als eine regelrechte Blitzküche. Hier entladen sich wegen der hohen Durchschnittstemperatur mehr Blitze als anderswo. Schon in den frühen Morgenstunden steht eine fast unerträgliche Hitze über dem Land, die für extrem schwere Unwetter optimale Voraussetzungen bietet. In der Regenzeit verdampfen aus dem Schwemmland tagsüber große Wassermassen. Sie liefern Abend für Abend auf der Himmelsbühne ein sagenhaftes und faszinierendes elektrisches Schauspiel. Viele Berufs- und Hobbyfotografen nutzen dieses regelmäßige und immer wiederkehrende Ereignis, um die herrlichsten Aufnahmen von dem Naturereignis Gewitter zu schießen.

Über den Wüstengebieten und den tropischen Meeren ist dagegen die Gewitterhäufigkeit bedeutend geringer. Auch zu den Erdpolen hin nimmt die Gewitterhäufigkeit sehr schnell ab. Einige Wissenschaftler vermuten, dass eine globale Temperaturerhöhung um nur 1 °C über dem langjährigen Durchschnitt ausreicht, um die weltweite Gewittertätigkeit zu verdoppeln oder zu verdreifachen. Amerikanische Forscher beschäftigen sich mit einer Theorie, die das Klima, Wetter und Blitze als eine Einheit betrachtet. Mit einem einfachen Gerät messen Sie minimale Änderungen im elektrischen Feld der Erde. Eine Änderung der Feldstärke kann nach Expertenmeinung durch die weltweite Gewitteraktivität verursacht werden. Viele Millionen Blitze werden bei diesem Verfahren aufaddiert und als ein weltweiter Riesengenerator betrachtet. Es könnte durchaus sein, dass diese Messung in absehbarer Zeit eine Art Weltthermometer zur Verfügung stellt, das aus der Erhöhung der Gewitterhäufigkeit die daraus resultierende Klimaerwärmung zuverlässig erkennen kann.

## 1.4 Blitzentladung und Blitzkennwerte

Die Dichte der Erdblitze wird angegeben mit der Anzahl der Erdblitze, die sich pro Jahr auf der Fläche eines Quadratkilometers ereignen. Unter *Erdblitz* verstehen wir eine Blitzentladung, die zwischen der Gewitterwolke und Erde stattfindet. Wolke-Wolke-Blitze ereignen sich etwa 5-mal häufiger als Erdblitze. Ein Richtwert für die Dichte der Erdblitze ist 10 % von den Gewittertagen pro Jahr. Das heißt, in einem Gebiet mit 20 Gewittertagen pro Jahr kann mit einem durchschnittlichen Aufkommen von etwa zwei Erdblitzen auf einen Quadratkilometer gerechnet werden. Somit liegt in Europa die durchschnittliche Blitzdichte bei ca. zwei direkten Einschlägen pro Quadratkilometer.

## 1.4 Blitzentladung und Blitzkennwerte

### Blitzentladung

Die heißen und feuchten Luftströmungen in unserer Atmosphäre sorgen nicht nur für stürmischen Wind am Boden, sie verursachen auch unterschiedliche elektrische Ladungen in den Cumulonimben am Himmel. Die schnell nach oben steigende schwüle Luft reißt Wasserpartikel mit sich, die hoch oben mit Eispartikeln kollidieren. In den eiskalten oberen Schichten der Wolke gefriert das Wasser, und Eiskristalle entstehen. Gewaltige Orkane tosen mit Windgeschwindigkeiten von 200 km/h und wirbeln die Eiskristalle durcheinander, bis die Blitze herangereift sind. Wissenschaftler haben entdeckt, dass die positiven und negativen Ladungen während eines Gewitters scheinbar chaotisch in der Gewitterwolke verteilt sind. Überwiegend befinden sich aber die positiven Ladungsträger in den oberen und unteren Regionen, während die negativ geladenen Eisteilchen von der Mitte aus absinken. So können sich zwischen den Wolken (oder den Wolken und der Erde) gigantische Spannungen aufbauen. Kommen sich die irdischen und himmlischen Potentiale zu nahe, springen die Funken bei 0,5 bis 10 kV/cm über. Die vom Blitz erhitzte Luft wird explosionsartig auseinander getrieben und erzeugt eine Druckwelle – den Donner, das Explosionsgeräusch.

# 1. Allgemeines

Blitze erreichen Spannungen von einigen Hundert Millionen Volt mit einem Frequenzspektrum, das sich auf den Bereich zwischen 1 und 150 kHz konzentriert. Ströme bis ca. 400.000 Ampere können bei einer Blitzentladung zum Fließen kommen. Der Blitz ist also ein Gigawattkraftwerk, aber nur für einige hundert Mikrosekunden. Er wird 5-mal so heiß wie die Sonnenoberfläche und erhitzt die Luft so stark, dass sie buchstäblich zum Glühen kommt. Blitzschnell durchfließt der Blitz mit einer Geschwindigkeit von 100.000 Kilometern pro Sekunde die Erdatmosphäre. Etwas überraschend ist, dass der Blitzkanal bis fünfzehn Kilometer lang sein kann, bei einer Dicke, die nur wenige Zentimeter beträgt, und trotzdem jeder Meter des Kanals so hell aufleuchtet wie einige 100.000 Halogenscheinwerfer. Bis auf wenige Ausnahmen bahnen sich Blitze ihren Weg von oben nach unten, von den Wolken zum Erdboden. Es ist für uns nicht zu sehen, wie sich der Blitz seinen Weg nach unten bahnt. Im Normalfall bildet sich zuerst ein so genannter negativ geladener Leitblitz (Bild 1.4.1/1). Er kommt aus der Wolke und springt in etwa 45 m langen Stufen, deren mittlere Pausenzeit 50 ms beträgt, ruckartig sowie zügig nach unten zur Erde (Bild 1.4.1/2). Erst ca. 30 bis 90 m bevor der so genannte Leitblitzkopf die positiv geladene Erde erreicht, baut sich ihm, von der Erde aus, eine Fangentladung entgegen (Bild 1.4.1/3). Treffen beide zusammen, kommt es zu dem für das Auge sichtbaren Teil der Blitzentladung, den wir grell aufleuchtend sehen können (Bild 1.4.1/4).

Das Leuchten eines Blitzes kommt also meistens nicht vom Himmel, sondern fährt von der Erde aus nach oben. Der gesamte Vorgang spielt sich innerhalb weniger Millisekunden ab und ist meist viel zu schnell für unsere Sinneswahrnehmung, die nur ein ganz kurzes blendendes Aufleuchten sieht.

Dieses Geschehen kann sich viele Male wiederholen. Man nennt diese Wiederholungen *Folgeblitze*. Im gleichen Blitzkanal, der aus der vorionisierten heißen Luftstrecke besteht, haben es die Nachzügler leicht und finden praktisch wie von selbst ihren Weg zur Erde – und alle treffen das gleiche Ziel. Am 26. Dezember 1995 wurde auf der Koralpe in Kärnten, Österreich, mehrere Hauptblitze mit bis zu 40 Folgeblitzen innerhalb einer Sekunde

## 1.4 Blitzentladung und Blitzkennwerte

### Entwicklung eines negativen Wolke-Erde-Blitzes

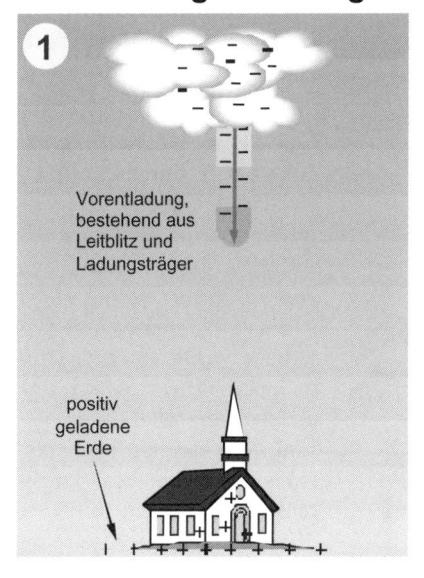

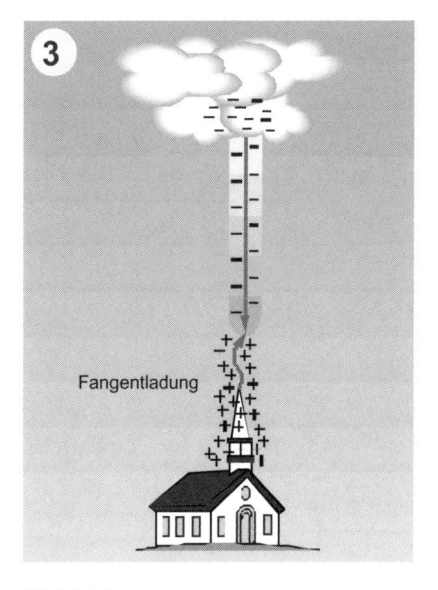

**1** Vorentladung, bestehend aus Leitblitz und Ladungsträger

positiv geladene Erde

**2** Vorentladung, bestehend aus Leitblitz und Ladungsträger

**3** Fangentladung

**4** Hauptentladung

*Bild 1.4.1.*

# 1. Allgemeines

**Folgeblitze**

**Hauptblitz**

Blitzeinschlag in das Empire-State-Building am 11. Juni 1936

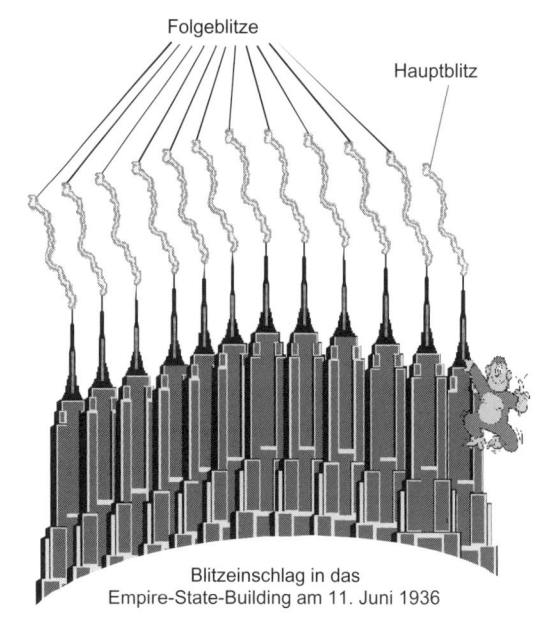

*Bild 1.4.2.*

registriert. Für unser Auge sieht ein Hauptblitz mit mehreren Folgeblitzen aus wie ein Blitz, der ein wenig flackert.

Das Empire-State-Building gehört mit durchschnittlich 23 direkten Blitzeinschlägen pro Jahr zu den baulichen Anlagen, die am häufigsten von Blitzen heimgesucht werden. Während eines Gewitters wurde dieses Gebäude innerhalb von 30 Minuten achtmal getroffen. Am 11. Juni 1936 konnten Spezialisten zum ersten Mal Folgeblitze von einem direkten Blitzeinschlag in das Empire-State-Building aufnehmen. Auf dem Bild, das von

**Vorgänge während einer Blitzentladung**

3 km

1. Hauptblitz    2. Hauptblitz

20 ms | 40 ms | 2 ms | 40 ms | 2 ms

— Bewegtes Bild einer Blitzentladung —  | Standbild |

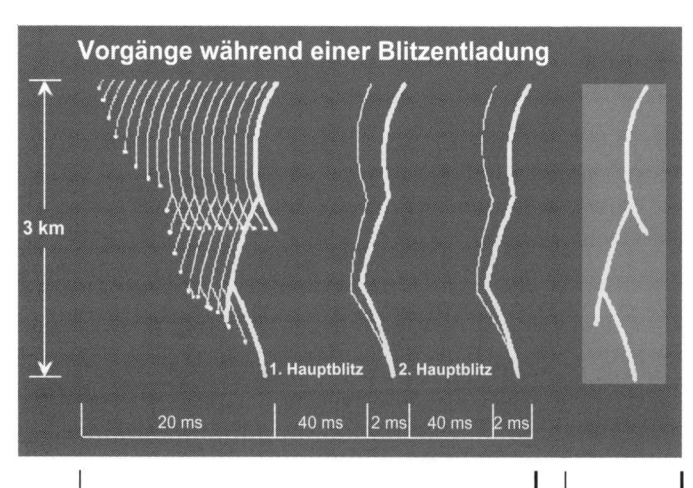

*Bild 1.4.3.*

## 1.4 Blitzentladung und Blitzkennwerte

einer Spezialkamera mit schnell bewegtem Objektiv hergestellt wurde, sind elf Folgeblitze zu erkennen (Bild 1. 4.2).

Diese und andere zeitlich aufgelöste Kameraaufnahmen von Blitzentladungen haben mit Sicherheit einen wichtigen Beitrag zum heutigem Verständnis des Blitzentladungsmechanismus geleistet. Auf dem Bild 1.4.3 können Sie das Standbild und das zeitlich aufgelöste Bild eines Blitzes sehen.

Aber nur ein Teil des Blitzinfernos kommt zur Erde. Die meisten Blitze entladen sich innerhalb der Wolke bzw. von Wolke zu Wolke (Bild 1.4.4). Die wenigen Blitze, die den Weg von der Wolke zur Erde finden, wachsen oft aus dem unteren und negativ geladenen Teil der Gewitterwolke hinab zur Erde. Diese Blitzart nennen wir einen negativen Wolke-Erde-Blitz. Bei einem Sommergewitter kommen die negativen Wolke-Erde-Blitze häufiger vor als Wolke-Erde-Blitze, die aus einem positiv geladenen Teil der Gewitterwolke entstehen.

Im Vergleich zu den negativen Wolke-Erde-Blitzen sind positiv geladene Abwärtsblitze viel energiereicher und zerstörerischer. Das Bild 1.4.5 zeigt den unterschiedlichen Energieinhalt, der zwischen einem positiven und negativen Wolke-Erde-Blitz möglich ist. Eine Wärmegewitterwolke ist in der Regel nur 20 bis 120 Minuten aktiv und erzeugt während dieser Zeit etwa drei Blitze je Minute. Im Gegensatz zu den Sommergewittern ereignen sich bei Wintergewittern wesentlich mehr positiv geladene Wolke-

*Bild 1.4.4.*

# 1. Allgemeines

*Bild 1.4.5.*

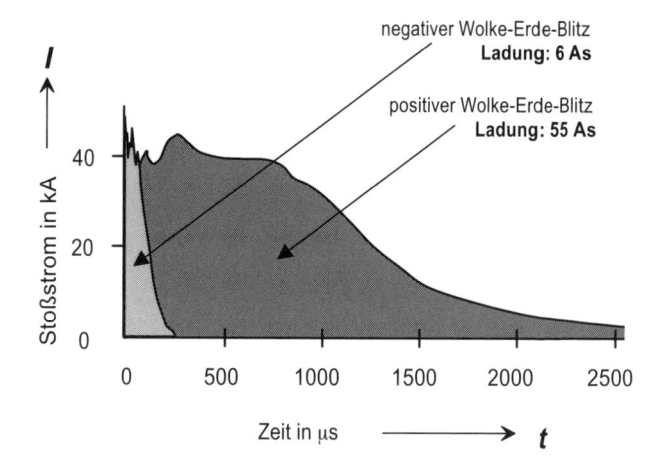

Der Energieinhalt eines positiven und negativen Wolke-Erde-Blitzes im Vergleich
(nach Prof. Berger)

Erde-Blitze. Wobei das Wintergewitter im Verhältnis zum Sommergewitter nur einige wenige Blitzentladungen zustande bringt.

Verhältnismäßig selten sind Blitze, die sich ihren Weg, von der Erde ausgehend, zur Wolke hin bahnen. In der Fachsprache sind das die so genannten Erde-Wolke-Blitze, die sowohl als positive

*Bild 1.4.6.*

## 1.4 Blitzentladung und Blitzkennwerte

und auch als negative Blitze ihr Unwesen treiben. Sie sind meist viel energiereicher als Wolke-Erde-Blitze. Fast immer suchen sich die Erde-Wolke-Blitze einen prädestinierten bzw. hoch gelegenen Punkt, wie die Spitze eines Fernmeldeturms oder den Gipfel eines Berges, von dem aus sie ihren Weg beginnen. Die Erde-Wolke-Blitze erkennen wir an den nach oben zur Wolke hin führenden Verzweigungen. Bei den Wolke-Erde-Blitzen ist das umgekehrt, sie verzweigen sich in Richtung Erde (Bild 1.4.6). Der Blitz muss aber nicht immer in die Spitze eines hohen Gebäudes einschlagen, er macht oft, was er will, und trifft zum Beispiel auch mal den mittleren oder unteren Bereich eines hohen Fernmeldeturms, so dass es große Betonteile von den Mauern des Funkturms absprengt.

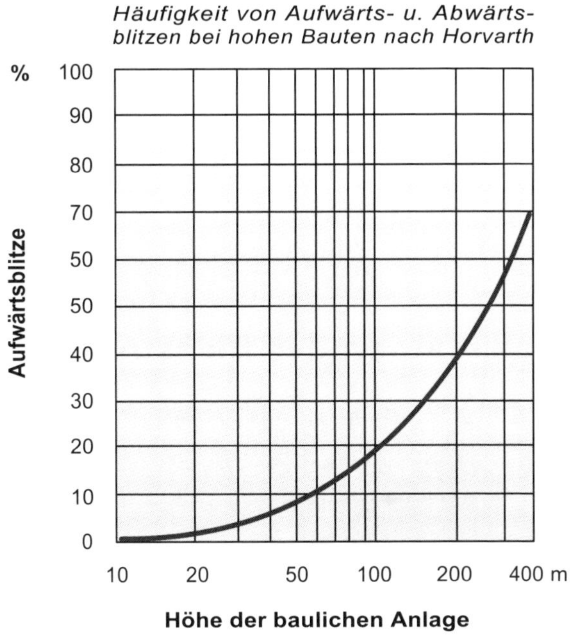

Hohe Gebäude, die zudem noch auf Berggipfeln errichtet sind, ziehen im wahrsten Sinne des Wortes das kilometerlange Himmelsfeuer an. Je höher die Lage oder die Bauform eines Gebäudes ist, umso wahrscheinlicher ist die Gefahr, dass ein energiereicher Erde-Wolke-Blitz bzw. Aufwärtsblitz einschlägt (Bild 1.4.7).

**Häufigkeit von Aufwärts- u. Abwärtsblitzen bei hohen Bauten nach Horvarth**

Gleichwertige Fläche und relative Einschlaggefahr als charakteristische Ausdrücke des Schutzeffektes von Blitzableitern
Quelle: Horvarth T.,Int. Blitzschutzkonferenz, München 1971

*Bild 1.4.7.*

# I. Allgemeines

## Blitzkennwerte

Folgende vier Blitzstromgrößen sind maßgebend für die zerstörerischen Auswirkungen eines Blitzeinschlages:

- Scheitelwert des Blitzstroms
- Steilheit des Blitzstroms
- Ladung des Blitzstroms
- Energie des Blitzstroms

*Bild 1.4.8.*

**Maximalwert des Blitzstromes**

(Diagramm: Blitzstrom in kA über Zeit, Maximalwert des Blitzstromes)

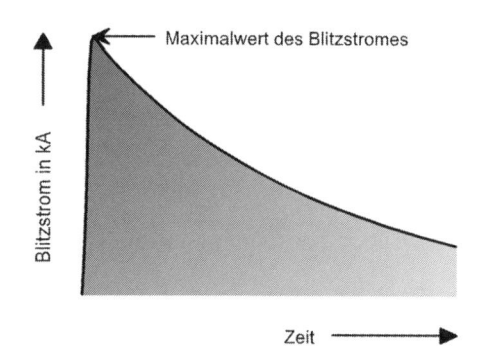

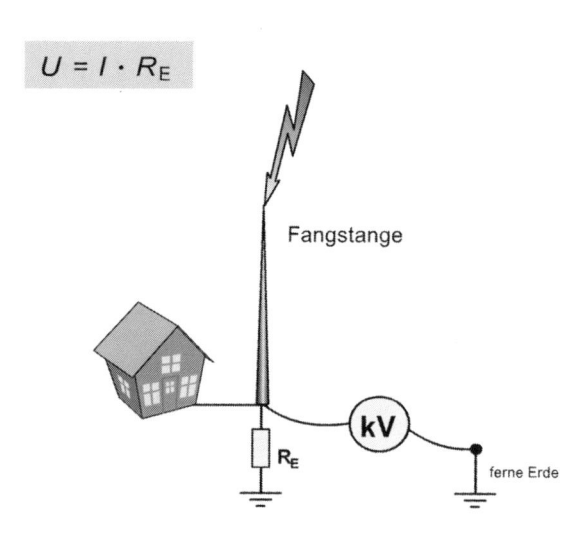

$$U = I \cdot R_E$$

(Skizze: Fangstange, Haus, $R_E$, kV, ferne Erde)

Der **Scheitelwert** des Blitzstroms ist der Wert, der für die Spannungsanhebung einer vom Blitz getroffenen Anlage gegenüber einer fernen Erde verantwortlich ist (Bild 1.4.8). Das heißt, dass ein Blitzstrom von 100.000 Ampere an einem Erder, dessen Erdungswiderstand 10 Ohm beträgt, eine Spannungsanhebung auf eine Million Volt verursacht.

Für den Fundamenterder eines Einfamilienwohnhauses ist der Erdungswiderstand 10 Ohm ein typischer Durchschnittswert. Die Erfahrung zeigt, dass entsprechend der Art und Beschaffenheit des Erdreiches sowie der Größe der von einem Fundamenterder umschlossenen Fläche der Erdungswiderstand meist zwischen 5 und 15 Ohm liegt. Der Erdungswiderstand für größere

## 1.4 Blitzentladung und Blitzkennwerte

Gebäude mit Fundamenterder, wie Lager-, Industrie- oder Sporthallen, liegt im Regelfall unter 1 Ohm.

Die **Blitzstromsteilheit** ist die Zeit, die der Blitzstrom benötigt, um seinen Scheitelwert zu erreichen. In der Regel vergehen nur wenige Mikrosekunden, bis der Blitzstrom seinen Maximalwert erreicht.

**Steilheit des Blitzstromes**

$$S = \frac{\Delta i}{\Delta t}$$

Folgeblitze sind wesentlich steiler als der Erstblitz. Sie erreichen ihren Scheitelwert innerhalb weniger 100 Nanosekunden. Je steiler der Anstieg des Blitzstromes, umso höher ist die Spannung, die der Blitzimpuls in Leiterschleifen induziert.

Bei einer Blitzstromsteilheit von nur 100 Kiloampere pro Mikrosekunde beträgt zum Beispiel die in eine 30 m entfernte Leiterschleife mit 10 × 10 m Kantenlänge eingekoppelte Spannung ca. 80.000 Volt (Bild 1.4.9).

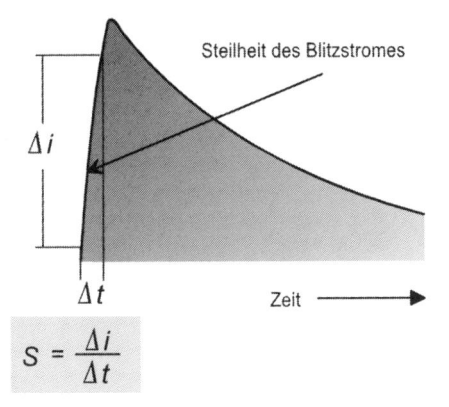

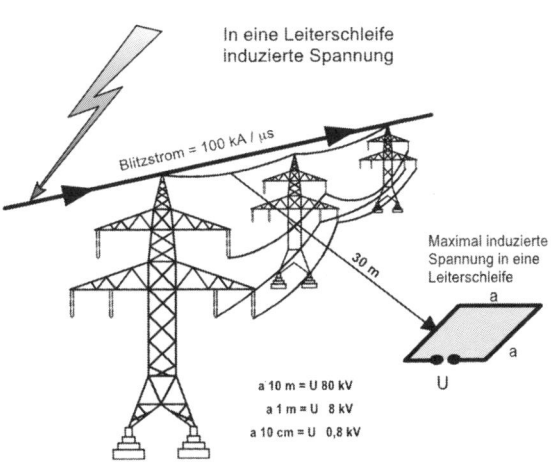

Bild 1.4.9.

Die elektrische Ladung entsteht durch einen Mangel oder Überschuss an Elektronen in der Gewitterwolke und auf dem Erdboden. Bewegte bzw. sich ausgleichende Ladungen zwischen den Gewitterwolken und zwischen den Gewitterwolken und der Erde stellen den Blitzstrom dar. Die Ladung eines Blitzstromimpulses kann im Extremfall einige 100 Amperesekunden betragen. Unter anderem bewirkt die Ladung des Blitzstromes

# 1. Allgemeines

## Ladung des Blitzstromes

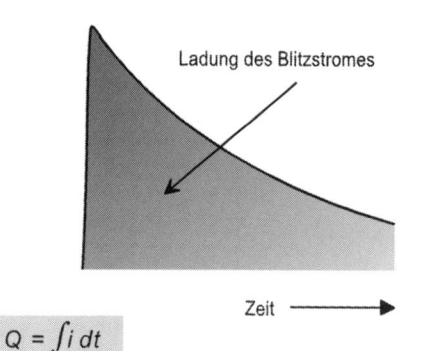

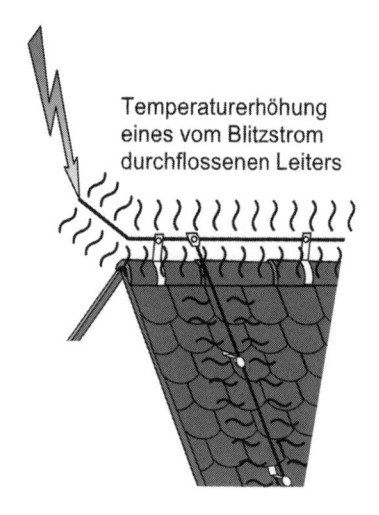

$Q = \int i\, dt$

Bild 1.4.11.

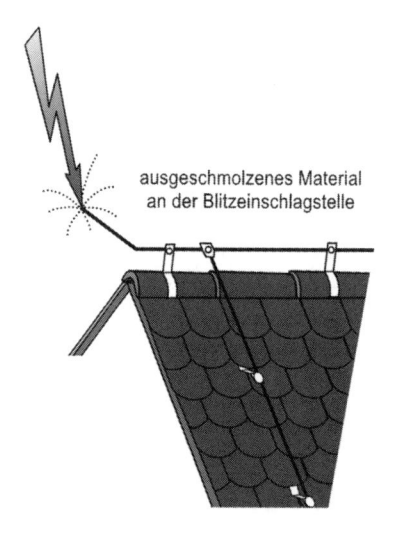

*Bild 1.4.10.*

das Durchschmelzen von Metallblechen oder Ausschmelzungen an den Ein- bzw. Austrittsstellen eines vom Blitzstrom durchflossenen metallischen Leiters (Bild 1.4.10).

Die Energie des Blitzstromes ist neben der elektromagnetischen Kraftwirkung auch für die Temperaturerhöhung eines vom Blitzstrom durchflossenen Leiters verantwortlich (Bild 1.4.11). Während sich die Temperatur eines Kupferleiters bei einer Million Amperequadratsekunden ($A_2$s), nur um 50 °C erhöht, erreicht ein Leiter aus Edelstahl (V4A) beim gleichen Wert bereits eine über den Schmelzpunkt hinausgehende Temperatur (Bild 1.4.12). Aus diesem Grund sollten Werkstoffe mit einem guten elektrischen Leitwert, wie z.B. Kupfer oder Aluminium, für die Errichtung eines Äußeren Blitzschutzes verwendet werden. Die mechanischen, thermischen, elektrischen und magnetischen

## I.4 Blitzentladung und Blitzkennwerte

### Temperaturanstieg von Leitungen

*Bild 1.4.12.*

| Stromquadratimpuls | $\int i^2 dt$ in $A^2s$ | $10^6$ | $10^7$ |
|---|---|---|---|
| Werkstoff und Schmelztemperatur | Querschnitt mm | Temperaturanstieg °C | |
| Kupfer 1083 °C | 10 | 50 | > 1083 |
| | 16 | 15 | 330 |
| | 35 | 2 | 40 |
| | 50 | * | 15 |
| Aluminium 658 °C | 16 | 50 | > 658 |
| | 50 | 3 | 50 |
| | 80 | * | 17 |
| Stahl 1350 °C | 35 | 40 | 720 |
| | 50 | 20 | 230 |
| | 100 | 4 | 50 |

### Temperaturanstieg von Leitungen in Abhängigkeit des Stromwärmeimpulses

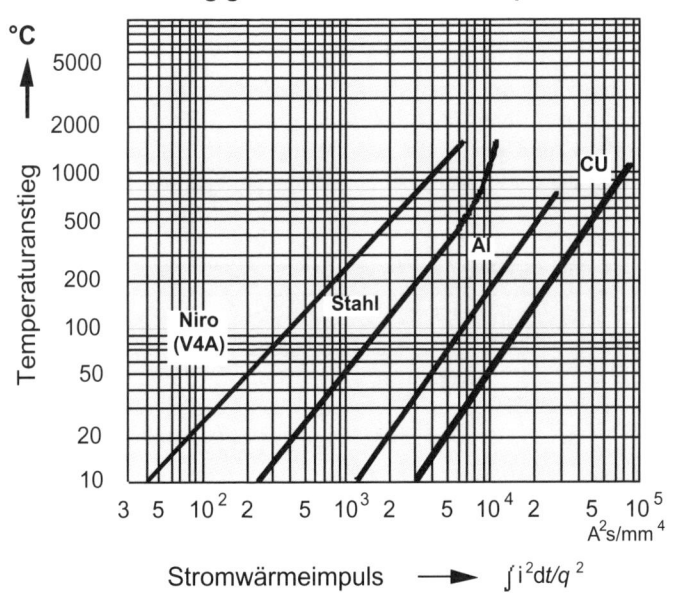

Stromwärmeimpuls $\longrightarrow$ $\int i^2 dt / q^2$ [$A^2 s/mm^4$]

Quelle: Prof. Dr. Ing. Baatz, Mechanismus des Gewitters und Blitzes, VDE-Schriftenreihe 34

## 1. Allgemeines

Energieformen können ineinander umgerechnet und weitgehend auch umgewandelt werden. So wird beispielsweise die Energie des Blitzstromes zum Teil in Wärmeenergie und mechanische Energie umgewandelt. Energie kann weder erzeugt noch vernichtet werden. Alle Prozesse bedeuten daher letztlich nur eine Umwandlung von einer Energieform in eine andere. Die Energie, die in einer durchschnittlichen Blitzentladung steckt, können wir auch in Kilowattstunden (kWh) angeben. Sie beträgt ca. 10 Kilowattstunden. Das entspricht in etwa der Energie, die ein Elektroherd umwandelt, wenn seine vier Kochplatten einschließlich der Backröhre eine Stunde auf der höchsten Schaltstufe in Betrieb sind. Ein sehr energiereicher Blitz könnte den Elektroherd unter denselben Bedingungen für etwa zehn Stunden mit ausreichender Energie versorgen.

Könnten wir Blitze einfangen und mit ihnen einen Akkumulator aufladen, wäre die Nutzung des auf diese Weise erzeugten Stroms wegen des hohen technischen Aufwands und der für solche Zwecke verschwindend geringen Energie, die Blitzentladungen enthalten, höchst unwirtschaftlich.

Die zuvor beschriebenen Daten und die Häufigkeit von Blitzen sind unter anderem aus der umfangreichen Blitzforschung bekannt, die auf dem Monte San Salvatore bei Lugano in den Jahren 1963 bis 1971 durchgeführt worden sind (Bild 1.4.13).

| Häufigkeit | | % | 50 | 10 | 1 |
|---|---|---|---|---|---|
| Scheitelwert des Stoßstromes | | kA | 30 | 80 | 200 |
| Maximale Stromsteilheit | | kA/$\mu$s | 20 | 90 | 100 |
| Ladung oder Stromimpuls | $\int i\, dt$ | As | 10 | 80 | 400 |
| Stromquadrat-Impuls | $\int i^2 dt$ | A$^2$s | $10^5$ | $10^6$ | $10^7$ |

Quelle: Berger K, Methoden und Resultate der Blitzforschung auf dem Monte San Salvatore bei Lugano in den Jahren 1963 bis 1971. Bull. Schweiz Elektrotechn. Verein. Bd. 63 (1972). Nr. 24. S. 1403-1422.

Bild 1.4.13.

## 1.5 Der Kugelblitz

Früher wurden die Kugelblitze für „Geister" gehalten, weil sie in der Luft schweben, Gegenstände verschwinden lassen, Metallteile verbiegen und durch Wände gehen. Heute sind sich die Gewitterexperten einig – es besteht kein Zweifel mehr an der Existenz der Kugelblitze. Augenzeugen berichten, dass ein Kugelblitz rötlich leuchtet. Er soll während schwerer Gewitter plötzlich im Blickfeld auftauchen und langsam schwebend umherirren (Bild 1.5.1).

**Kugelblitz im Stall**

*Bild 1.5.1.*

(Holzschnitt aus W. de Vonville, Éclaires et Tonnères, Paris 1847)

Sein Durchmesser liegt zwischen 5 und 50 cm. Die Erscheinung dauert einige Sekunden und endet manchmal lautlos oder mit einem Knall. Gravierende Schäden sind bisher nicht bekannt.

Bilder von Kugelblitzen (Bild 1.5.2) gibt es viele, doch keines ist bisher wissenschaftlich anerkannt. Die Existenz des Kugelblitzes wurde bisher immer wieder bestritten. Wahrscheinlich, weil es immer noch keinen wissenschaftlichen Beweis für dieses Phänomen gibt. Früher galten diese Erscheinungen als Geister. Das ist kein Wunder, denn es werden diesen leuchtenden Bällen sonderbare Eigenschaften nachgesagt: Sie sollen Wände durchdrin-

# 1. Allgemeines

*Bild 1.5.2.*

gen, Gegenstände verschwinden lassen, Metallteile verbiegen und sich anschließend mit oder ohne Knall in Luft auflösen. Bei einem Gewitterkongress, der im September 1993 in Salzburg stattfand, waren sich die Teilnehmer (ernsthafte Wissenschaftler) trotzdem einig. Es gibt den Kugelblitz, einige tausend Augenzeugen, darunter namhafte Persönlichkeiten, haben die sagenumwobene Feuerkugel selbst gesehen. Sie können nicht alle phantasieren. Auch der Autor dieses Buches hatte das Glück und konnte während seiner Kindheit dieses Phänomen beobachten. Er sah eine orangenfarben leuchtende Kugel, etwa so groß wie ein Fußball, die sich auf einem Gehweg, entlang der Bordsteinkante, ca. 10 cm über dem Betonboden schwebend langsam von ihm weg bewegte. Nach ungefähr fünf Metern stieg der Feuerball an einem Holzzaun empor und glitt auf der anderen Seite des Zaunes wieder langsam hinab in eine ungemähte Wiese. Nachdem die Feuerkugel über dem Zaun war, holte der Junge seine Großeltern herbei, um ihnen das Naturschauspiel zu zeigen, doch es war nicht mehr da, und der kleine Zeuge dieses Ereignisses wurde als Phantast abgestempelt.

Besonders häufig sind Kugelblitze in Russland zu sehen. Aber nicht nur dort sind sie zu Hause, sondern auf allen Kontinenten erzählt man sich Legenden von den kugeligen Blitzen. Die Japaner haben es zum Erstaunen mancher Physiker geschafft, Kugelblitze im Labor nachzubilden. Mit Hilfe von Plasma und Mikrowellen wurde ein künstlicher Kugelblitz erzeugt, der in einem Metallkäfig eine Steinplatte durchdringen konnte, ohne Spuren zu hinterlassen. Nicht einmal Rauchspuren waren zu sehen. Au-

## 1.5 Der Kugelblitz

genzeugen berichten immer wieder, dass Kugelblitze durch Wände gehen. Das haben die japanischen Forscher mit ihrem Experiment bestätigt. Kugelblitze sind also kein Märchen mehr, aber wie sie in der Natur entstehen, weiß man immer noch nicht genau.

Für die Entstehung der seltsamen Leuchterscheinungen gibt es mehrere Theorien. Ein Russe macht Entladungen in Metalldämpfen verantwortlich.

Ein belgischer Kernphysiker vermutet eine Fusionsreaktion des atmosphärischen Stickstoffs, ein österreichischer Geophysiker geht davon aus, dass ein Kugelgebilde von Wassertropfen mit unterschiedlichen Ladungen den Kugelblitz entstehen lässt. Nach neueren Berichten soll die Blitzkugel aus ionisiertem Gas bestehen, das elektrisch leitend ist und eventuell von magnetischen Kräften zusammengehalten wird.

Zum Beispiel schreibt der Physiker Antonio Ranada aus Madrid im „Journal of Geophysical Research", wie eine Kugel aus Magnetfeldern entstehen kann, in der das Plasma für 10 bis 15 Sekunden überlebt – solange, bis es ausgebrannt ist. Unter bestimmten Bedingungen könnten sich zwei magnetische Ringe in der Nähe eines Blitzkanals vereinigen und in ihrem Zentrum Plasma einfangen. Beim Abkühlen des heißen Gases würden sich die Elektronen wieder mit den Atomen vereinigen, wodurch die Stromleitung im Plasma abnehme. Wegen des erhöhten Widerstands würden die umgebenden Magnetfelder langsam abgeschwächt. Diese Theorie soll auch erklären, warum ein Kugelblitz fast keine Hitze abstrahlt. Der größte Teil des Magnetballes sei tatsächlich kühl, nur entlang der Magnetfeldlinien und an einigen Auswürfen, die aus der Kugel kämen, würden Temperaturen bis ca. 16.000 Grad herrschen.

Natürlich ist auch das für andere Naturwissenschaftler kaum zu glauben, da ihnen Ähnliches nur in Fusionsreaktoren mit gigantischen Magnetfeldern gelingt.

Eines ist sicher, Forscher und Wissenschaftler werden noch viel Zeit benötigen, bis sie das Phänomen Kugelblitz befriedigend erklären können.

Unter **http://www.freeyellow.com/members/pagel.html** erhalten Sie auch im Internet Informationen zum Thema Kugelblitz.

# 1. Allgemeines

## 1.6 Blitzinformationssysteme

Durch den Einsatz von Blitzortungssystemen werden völlig neue Maßstäbe im Bereich der Gewitterbeobachtung gesetzt. Es ist dadurch möglich geworden, ein deutlich klareres Bild über das Gewittergeschehen zu bekommen. Genaue Informationen über den Ablauf von Gewitterfronten können gewonnen werden. Die Daten von Blitzortungssystemen sind heute eine perfekte Ergänzung zu meteorologischen Beobachtungen.

Blitzeinschläge lassen sich nicht verhindern, aber die Früherkennung eines Gewitters leistet einen großen Beitrag zur effektiven Schadensbegrenzung in vielen Anwendungsbereichen. Aus diesem Grund haben bereits in den 70er Jahren Atmosphärenphysiker in den USA Blitzsensoren entwickelt, die elektrische Felder eines herannahenden Gewitters wahrnehmen. Dadurch

*Bild 1.6.1.*

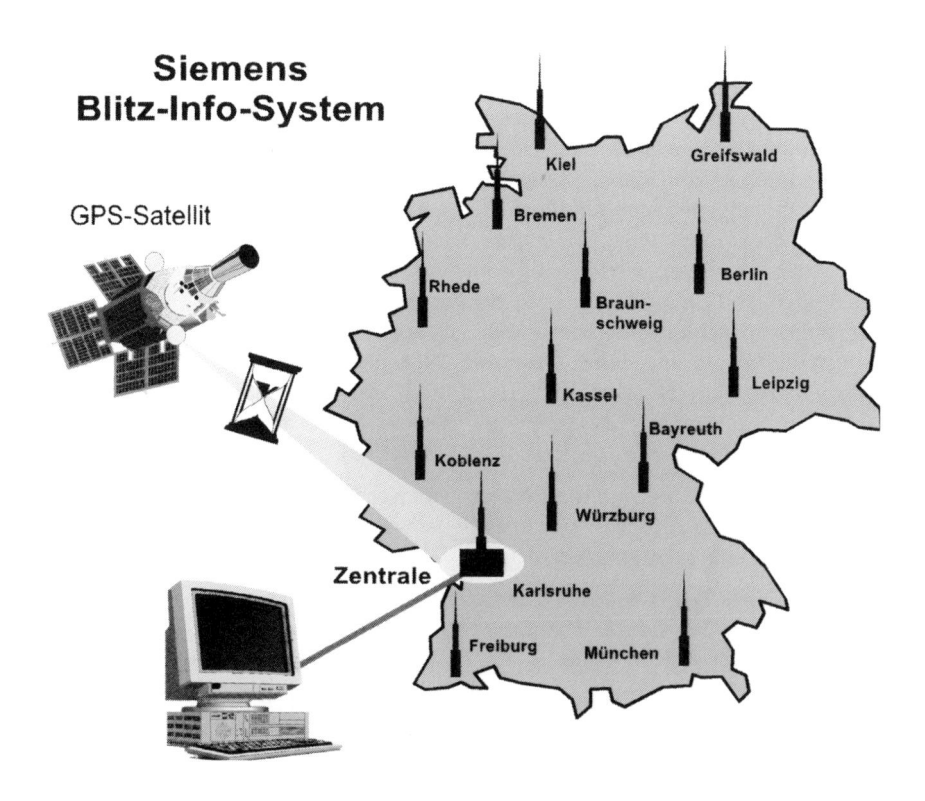

## 1.6 Blitzinformationssysteme

wurde es möglich, ein landesweites Blitzerkennungssystem zu errichten. Von der Kommandozentrale in Arizona gesteuert, überwacht ein Netzwerk von weit über 100 Blitzsensoren die gesamte Fläche der USA. Schlägt ein Blitz ein, kann das System den Einschlagpunkt bis auf 400 Meter genau orten. Nicht nur in Amerika, sondern auch in Europa stehen derzeit moderne Blitzinformationssysteme zur Verfügung. Seit 1991 betreibt die Firma Siemens in Europa eines der größten Blitzortungssysteme. Siemens liefert mit seinem Blitzinformationsdienst (BLIDS) exakte Daten über die Gewittertätigkeit. Dazu registrieren über 20 Messstationen in Deutschland (Bild 1.6.1), der Schweiz, den Benelux-Staaten (Bild 1.6.2) und in Österreich (Bild 1.6.3) die von Blitzen ausgehenden elektromagnetischen Wellen.

*Bild 1.6.2.*

Jeder kann den Blitz sehen, wenn er am Himmel aufleuchtet. Die entscheidende Frage ist aber, wo hat er eingeschlagen, und genau das können Blitzortungssysteme berechnen. Die genaue Kenntnis über eine Einschlagstelle ist zum Beispiel notwendig, um Reparaturmaßnahmen an Freileitungen rationell durchführen zu können. Der Einsatzleiter erhält zudem wichtige Infor-

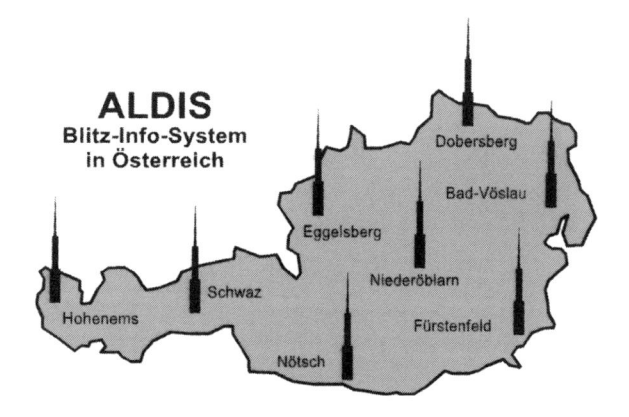

*Bild 1.6.3.*

43

# 1. Allgemeines

*Bild 1.6.4.*

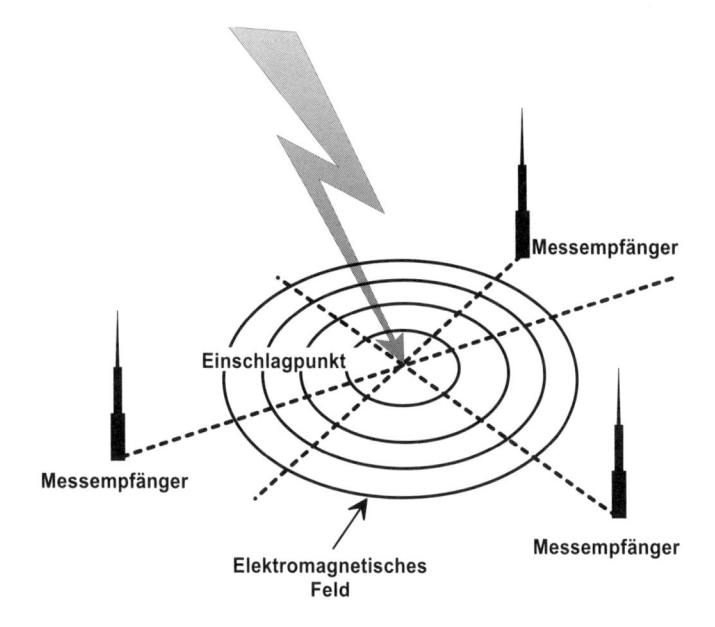

mationen über neue heranziehende Gewitterfronten, so dass mögliche Gefahren für die Reparaturmannschaft erheblich reduziert werden.

Die Blitzentladung erzeugt ein elektromagnetisches Feld, das sich wellenförmig in alle Richtungen mit Lichtgeschwindigkeit ausbreitet. Diese elektromagnetischen Wellen werden von Messstationen registriert. Die Messsensoren in den Stationen enthalten zwei um 90° versetzte Rahmenantennen, die einerseits die Richtung, aus der die Wellen kommen, bestimmen und andererseits den exakten Zeitpunkt der Ankunft einer durch Blitzschlag ausgelösten Welle messen.

Ein Zentralrechner der Firma Siemens in Karlsruhe ermittelt aus der Laufzeit der Signale, im Zentrum von Deutschland bis auf 300 Meter genau, den Ort des Einschlags; an den Grenzen von Deutschland kann der Einschlagort immerhin noch auf ca. 1.000 m genau ermittelt werden. Eine sehr wichtige Aufgabe des Messsystems besteht darin, die Signale von Wolke-Erde-Blitzen aus der Vielzahl von Impulsen, die in der Natur auftreten, zu

## 1.6 Blitzinformationssysteme

selektieren. Nur die Blitze, die wirklich auf der Erde einschlagen, sollen registriert werden.

Die hohe Messgenauigkeit dieses Systems basiert auf dem patentierten *time-of-arrival*-Prinzip (TOA-Prinzip). Der Einschlagort errechnet sich aus der von den Messstationen aufgezeichneten Zeitdifferenz. Die Mess- und Berechnungsmethode ermöglicht nicht nur, jeden Blitz mit großer Genauigkeit zu lokalisieren, sondern auch Teilblitze innerhalb eines Gesamtblitzes zu erkennen. Durch den Zusammenschluss der Messstationen zu einem Netzwerk kann man durch Einschneiden von mehreren gemessenen Einfallsrichtungen (Winkelmessungen) den Einschlagpunkt ziemlich genau ermitteln (Bild 1.6.4).

Die Empfänger sind in Abständen von 150 km bis 300 km installiert. Obwohl sich das elektromagnetische Feld mit Lichtgeschwindigkeit ausbreitet, das heißt mit 300.000 km in der Sekunde (das entspricht einer Strecke von 100 m in nur 0,0000003 Sekunden) kann man heute diesen unvorstellbar geringen Zeitunterschied auswerten. Dafür sind extrem genaue Uhren erforderlich, die Signale des GPS-Satellitensystems (*Global Positioning System*) jede Sekunde neu synchronisieren.

Neben den Koordinaten des Einschlagpunktes wird von jedem registrierten Blitz die genaue Uhrzeit, die Polarität der Entladung, die Blitzstromstärke und die Anzahl der Folgeblitze bestimmt. In vielen Einsatzbereichen werden die Blitzinformationen seit langem sinnvoll genutzt. Dazu gehören die Landwirtschaft, Sportveranstaltungen, Golfplätze, Energieversorger, Feuerwehr, Technisches Hilfswerk, Militär, Freizeitparks, Gärtnereien, Flugplätze, Bergwacht, Rundfunk, Fernsehen, Tageszeitungen, Elektroplaner, Versicherungen, Gefahrenguttransporte, Deutscher Wetterdienst (DWD) usw.

Vor allem in der Luftfahrt sind für die Routenplanung und das Betanken von Flugzeugen die Blitzinformationen zu einer unverzichtbaren Entscheidungshilfe geworden.

Der Siemens-BLIDS-Alarm informiert über Gewitteraktivitäten in einem vorher festgelegten Gebiet. Wird in diesem Gebiet ein Blitz registriert, überträgt das System automatisch die Meldung. Das ermöglicht unter anderem auch das rechtzeitige Einstellen des Seilbahnbetriebes und des Badebetriebs in Schwimmbädern.

# 1. Allgemeines

Sogar Privatleute können sich automatisch über Mobiltelefon, Fax oder Funkrufempfänger über das Herannahen eines Gewitters informieren bzw. warnen lassen.

Das an Siemens BLIDS angeschlossene Blitzortungssystem ALDIS (*Austrian Lightning Detection & Information System*) in Österreich wurde im Jahr 1992 errichtet und in Betrieb genommen. Die Kernstücke dieses Systems sind acht Messsensoren, die in Österreich meist auf kleinen Sportflugplätzen installiert sind.

Die Zentralrechner der Blitzortungssysteme können die aktuellen Blitzdaten auf jeden Computer übertragen. Mit der Visiualisierungssoftware stehen dem Nutzer, kurze Zeit nach einem Blitzschlag, alle wichtigen Informationen über ein Gewitterereignis zur Verfügung. Im Onlinebetrieb kann auch das Herannahen eines Gewitters live beobachtet werden. Die Wolke-Erde-Blitze werden als Symbole auf dem Bildschirm dar-

*Bild 1.6.5.*

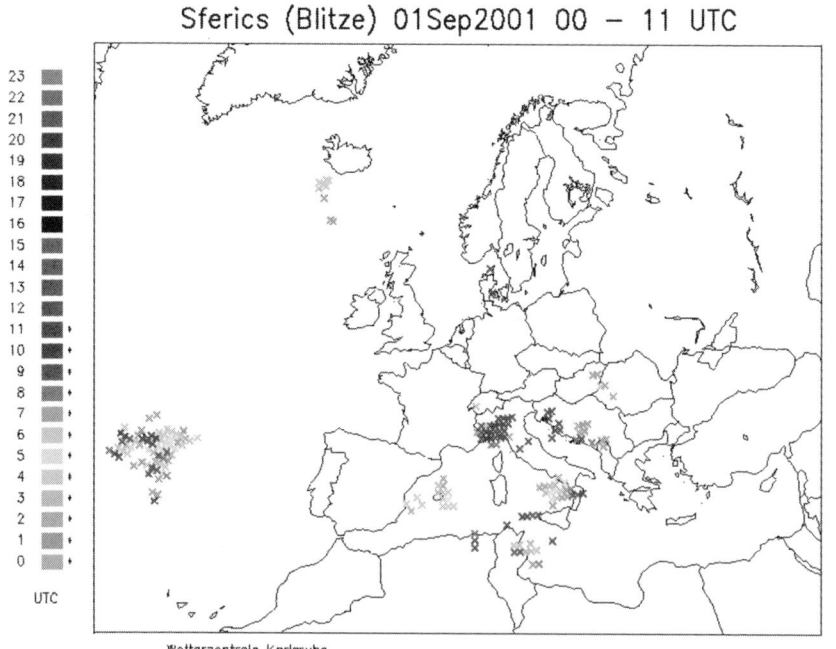

## 1.6 Blitzinformationssysteme

gestellt. Suchfunktionen nach geografischen Koordinaten, Städtenamen oder Blitze in einem festgelegten Zeitbereich unterstützen die Beobachtung. Zudem sind archivierte Blitzdaten von Gewitterfronten für nachträgliche Analysen abrufbar. Allerdings ist der Bezug dieser Blitz- bzw. Gewitterinformationen meist mit erheblichen Kosten verbunden.

Unter den Internetadressen **http://www.wetterzentrale.de** und **http://www.worldmeteo.ch** stehen kostenlose Blitzdaten für ganz Europa zur Verfügung. Die Blitzkarten von **wetterzentrale.de** beruhen auf einem erdgebundenen Ortungssystem. Es arbeitet auch nach dem Prinzip der Laufzeitdifferenz der vom Blitz ausgesandten elektromagnetischen Impulse. An sieben Stationen, die über ganz Europa verteilt sind, werden die Ankunftszeiten der Impulse ermittelt. Die Daten haben eine Genauigkeit von 0,5 Grad und stammen jeweils aus der zweiten Hälfte vor jeder vollen Stunde. Gewitter, die kürzer als eine halbe Stunde sind oder nur eine einzige Entladung hervorbringen, werden bei diesem System eliminiert, um das Datenaufkommen gering zu halten. In den Landkarten wird zur Visualisierung der Blitze ein Farbschema verwendet, das die Blitze nach dem Zeitpunkt des Auftretens einfärbt.

Eine weitere Karte zeigt zusätzlich die Anzahl der Blitzentladungen an der jeweiligen Stelle, was auf die Intensität des Gewitters schließen lässt. Darüber hinaus zeigt ein Videofilm die Blitzereignisse des aktuellen Tages, angefangen von null Uhr bis zur letzten Aktualisierung. Alle Zeitangaben sind wie in der Meteorologie üblich in UTC. Die Daten stammen aus dem weltweiten meteorologischen Messnetz (GTS).

Die Aktualisierung der Deutschlandkarten erfolgt um ca. 1, 7, 13, 19 UTC. Die Europa- (Bild 1.6.5) und Weltweitkarten (Bild 1.6.6) werden um ca. 3, 9, 15, 21 UTC aktualisiert. In den Seiten der Wetterzentrale gibt es auch eine Liste der WMO-Wetterstationen und Übersichtskarten unter „Europa" und „weltweit". Hier werden einzelne meteorologische Messwerte im kontinentweiten Überblick dargestellt.

Für wenig Geld (etwa fünf Euro) sind einfache Geräte für die Gewitter-Entfernungsmessung im Handel erhältlich. Diese Geräte messen die Zeitdifferenz zwischen dem hell aufleuchtenden Blitz und dem danach folgendem Schall des Donners.

# 1. Allgemeines

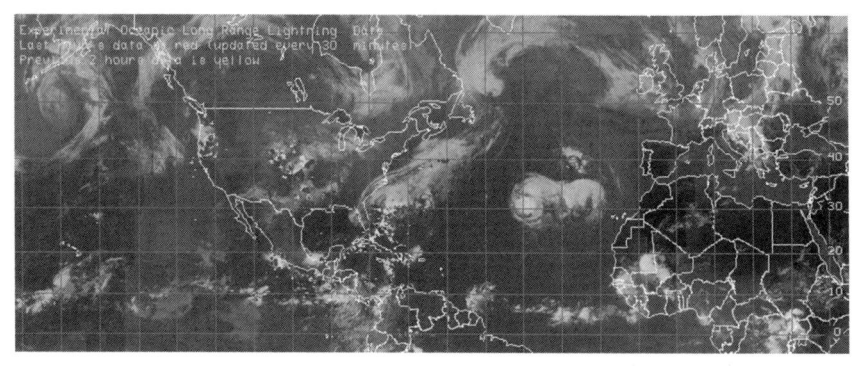

Bild 1.6.6.

Das Licht eines Blitzes breitet sich mit einer Geschwindigkeit von 300.000 km/s aus. Die Schallwellen des Donners bewegen sich in der Luft mit einer Geschwindigkeit von 330 m/s. Aus diesem Grund können wir den Donner erst einige Zeit, nachdem der Blitz zu sehen war, hören (Bild 1.6.7). Der Schall benötigt pro Kilometer etwa 3 Sekunden mehr Zeit als das Licht, das ergibt eine Zeitdifferenz von annähernd 0,3 Sekunden pro 100 Meter. Gewitter-Entfernungsmessgeräte setzen nun die theoretischen Kenntnisse in die Praxis um. Sobald man den Blitz sieht, wird der Gewitterentfernungsmesser durch kurzes Betätigen eines Tasters gestartet. Sobald der Donner hörbar wird, unterbricht der Beobachter durch eine weitere Betätigung eines Tasters den Zählvorgang.

Anschließend ist die Entfernung vom eigenen Standort bis zum Gewitter an der Anzeige des Gerätes in Metern oder Kilometern ablesbar.

Anmerkung:
Zu berücksichtigen ist die Reaktionszeit, die das Messergebnis um einige hundert Meter verfälschen kann.

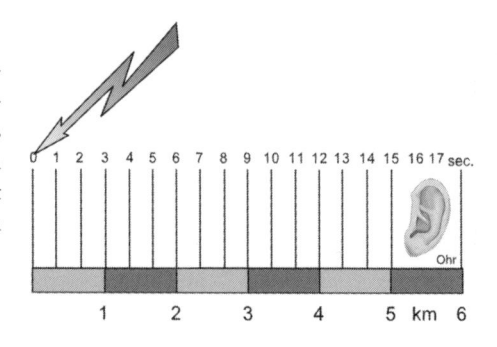

Bild 1.6.7.

# 1.7 Blitzschäden

Blitze sind lebensgefährlich und gehören trotzdem zu den spannendsten und interessantesten Phänomenen der Natur. Was wie ein Schmiedefeuer am Himmel aufleuchtet, sind elektrische Entladungen mit sagenhafter Zerstörungskraft. Ein Blitzstoßstrom von 100.000 Ampere setzt innerhalb von Sekunden Häuser in Brand. Der Blitz entwickelt eine Temperatur von 30.000 °C, das ist ein Mehrfaches von der Temperatur, die auf der Sonnenoberfläche herrscht. Wen wundert es da noch, wenn ein direkter Blitzeinschlag in ein Gebäude einen Brand auslöst. Wegen der leicht entzündbaren Materialien, die in landwirtschaftlichen Scheunen oder Stallungen lagern, kommt es dort, nach einem direkten Blitzeinschlag, besonders oft zu einer Feuerkatastrophe (Bild 1.7.1 und 1.7.2), die unter Umständen ganze Anwesen vernichtet und auch benachbarte Bauernhöfe zerstört. Meist

*Bild 1.7.1.*

*Bild 1.7.2.*

**Feuerwehr leistete ganze Arbeit**

**Vieh gerettet**

**Riesen-Feuer nach Blitzschlag**

Mittelricht (nsf). Wie bereits berichtet, schlug am Montag gegen 19.30 Uhr der Blitz in eine Scheune auf dem Anwesen von Hermann Birkl ein. Sofort stand das 40 mal zwanzig Meter große Gebäude lichterloh in Flammen, das Feuer griff auch minutenschnell auf eine 40 mal 15 Meter große Stallung über, in der Kühe und Bullen untergebracht waren. Dem beherzten und routinierten Eingreifen zahlreicher Feuerwehrleute aus Berngau, Tyrolsberg, Röckersbühl, Freystadt, Neumarkt und natürlich auch aus Mittelricht war es zu verdanken, daß sämtliches Vieh gerettet werden konnte (das nagelneue Tanklöschfahrzeug der Berngauer Feuerwehr kam bereits vor der offiziellen Weihe zum ersten Einsatz). In den Stallungen eingelagerte Erntevorräte und zahlreiche landwirtschaftliche Maschinen wurden ein Raub der Flammen, Schätzungen der Kriminalpolizei zufolge beläuft sich der Sachschaden auf 700 000 Mark.

Neumarkter Tagblatt, 08.07.1992

# 1. Allgemeines

Bild 1.7.3.

Bild 1.7.4.

können nur durch den schnellen und vorbildlichen Einsatz der Freiwilligen Feuerwehr noch größere Schäden bzw. Brandkatastrophen verhindert werden. Auch bei einem Gebäude mit einem Äußeren Blitzschutz kann ein direkter Blitzeinschlag zum Brand führen. Der Grund dafür ist häufig eine durch Korrosion zerstörte und nicht mehr funktionsfähige Erdungsanlage oder zu geringe Abstände von Installationen im Inneren des Gebäudes zu den außen am Haus verlegten Leitungen des Äußeren Blitzschutzes.

Obwohl die „Blitzschützer" viel Beratungsarbeit leisten, ist bei der Bevölkerung immer noch ein großer Informationsbedarf vorhanden. Ein Beispiel dafür ist der Blitzeinschlag, der sich in eine Kirche im fränkischen Wassermungenau ereignete. Augenzeugen berichteten, dass der Blitz vom Kreuz der Dorfkirche abprallte und von dort in ein gegenüberliegendes landwirtschaftliches Anwesen geschleudert wurde, das danach lichterloh brannte. Natürlich kann der Blitz nicht wirklich vom Kreuz der Kirche abprallen. Vermutlich verzweigte er sich, so dass die Kirche sowie der Bauernhof nahezu gleichzeitig getroffen wurden (Bild 1.7.3).

Es lag mit Sicherheit am funktionsfähigem Äußeren Blitzschutz, dass die Kirche als Folge des Blitzeinschlags kein Feuer fing. Einen Beweis für den Einschlag in den Kirchturm lieferte zum einen die Ausschmelzung, die am Einschlagpunkt, dem Kirchturmkreuz, zu sehen ist (Bild 1.7.4), und zum anderen die Turmuhr, die als Folge des Blitzeinschlages stehen blieb. Die Beschädigung der Uhrenanlage kann man mit großer Wahrscheinlichkeit auf den fehlenden Inneren Blitzschutz der Kirche zurückführen.

Die Sachschäden, die durch Blitzeinschläge entstehen, betragen jährlich mehrere 100 Millionen Euro. Wobei die Anzahl der Schäden, die durch direkte Blitzein-

## 1.7 Blitzschäden

schläge verursacht werden, in etwa gleich bleibt und die indirekten Schäden, die als Folge von Überspannungen, Nullleiterunterbrechungen, Schalthandlungen, Blitznah- und Blitzferneinschläge entstehen, deutlich zunehmen.

Obwohl heute in vielen Gebäuden Überspannungs-Schutzmaßnahmen realisiert sind und die Hersteller von Blitzstrom- und Überspannungsableiter in nur wenigen Jahren Umsätze von mehreren Milliarden Euro verzeichnen konnten, ereignen sich immer noch sehr viele Elektronikschäden, so dass die Schadenversicherer nach wie vor einen Anstieg der indirekten Blitzschäden und Überspannungsschäden melden. Die Ursachen dafür sind erfahrungsgemäß Montagefehler bei der Schutzgeräteinstallation, nicht richtig ausgewählte Schutzgeräte sowie eine fehlende Koordination von Blitzstromableitern mit Überspannungsableitern. Hinzu kommt, dass die Elektronik aufgrund der zunehmenden Integrationsdichte der Bauteile immer sensibler auf Unregelmäßigkeiten im Netz reagiert.

Das Bild 1.7.5 zeigt, dass die Überspannungsschäden immer noch den größten Anteil am Gesamtschadensaufkommen bei der Württembergischen Feuerversicherung besitzen.

Elektronikschäden 1998: Analyse von 7737 Schadensfällen

| Nr. | Kategorie | % |
|---|---|---|
| 1 | Sturm | 1,5 |
| 2 | Feuer | 3 |
| 3 | Wasser | 5,3 |
| 4 | Sonstiges | 15,1 |
| 5 | Diebstahl und Vandalismus | 22,3 |
| 6 | Fahrlässigkeit | 25,1 |
| 7 | Überspannung | 27,3 |

Quelle: Württembergische Feuerversicherung

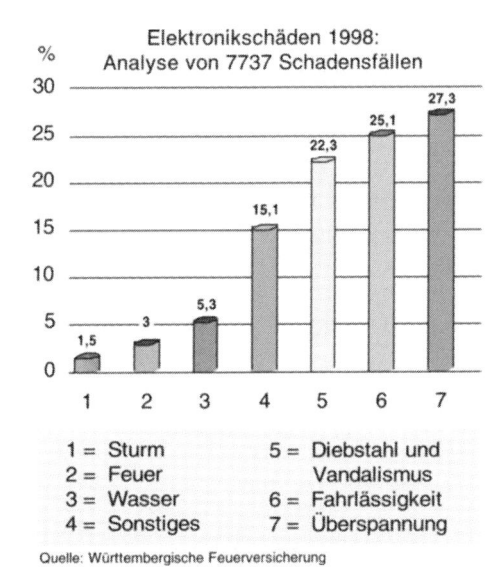

Bild 1.7.5.

# 1. Allgemeines

**Transistoren pro Chip**

(Diagramm: logarithmische Skala $10^1$ bis $10^7$, Jahre 1960 bis 1990)

Quelle:
ELEKTRONIK ACTUELL Magazin

Bild 1.7.6.

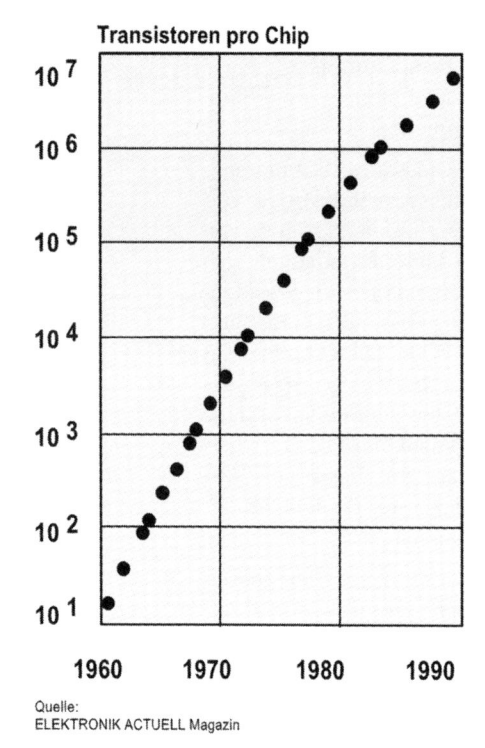

Während die Integrationsdichte 1960 bei nur einigen Transistorfunktionen pro IC (integriertem Schaltkreis) lag, waren bereits 1990 zehn Millionen Transistoren in einen Mikrochip integriert (Bild 1.7.6).

Heute ist man dabei, Schaltungen zu entwickeln, die mehr als 1 Milliarde Transistorfunktionen beinhalten. Die Abstände zwischen den Strukturen eines handelsüblichen Chips sind kleiner als ein Mikrometer. Das ist nur ein Tausendstel Millimeter. Die meisten wissen heute, dass zwischen zwei elektrischen Teilen umso eher ein Funkenüberschlag stattfindet, je kleiner der Abstand zwischen den Teilen ist. Durch die kleinen Mikrostrukturen in den heutigen Chips wird die Gefahr eines Überschlags (und somit die Gefahr der Zerstörung des Chips) immer größer. Integrierte Schaltkreise werden mit Spannungen von wenigen Volt betrieben. Erhöht sich die Spannung für den Bruchteil einer Sekunde nur um einige Volt, kann der Mikrochip Schaden nehmen. Maßgebend für die zerstörende Wirkung ist allerdings nicht nur die Höhe der Spannung, sondern auch die Energie, die ein Überspannungsimpuls beinhaltet. Um ein Relais zu zerstören, ist das Hundertfache von der Energie nötig, die zur Zerstörung eines Transistors oder einer Diode notwendig ist. Für die Zerstörung eines integrierten Schaltkreises reicht ein Bruchteil von der Energie aus, die einen Leistungstransistor beschädigt (Bild 1.7.7).

Mikrochips reagieren sehr empfindlich auf Überspannungen. Schadensbilder zeigen, dass integrierte Schaltkreise unter der Einwirkung einer verhältnismäßig energiereichen Überspannung regelrecht explodieren. Auf dem Bild 1.7.8 ist der IC des

## 1.7 Blitzschäden

Tuners in einem Videorecorder abgebildet, der durch eine Blitzüberspannung zerstört wurde.

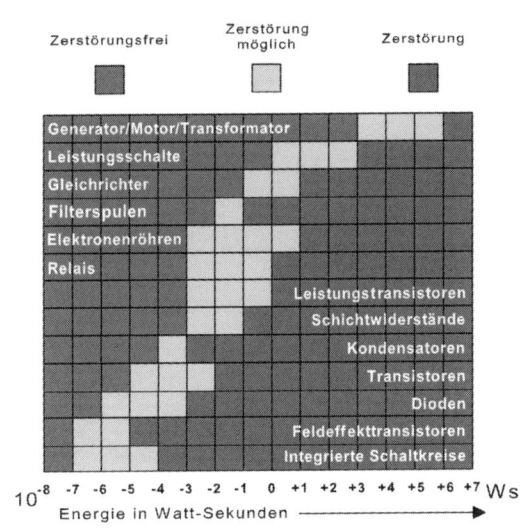

Aber nicht nur Videorecorder sind durch Überspannungen besonders gefährdet, sondern alle anderen Geräte mit hochintegrierten elektronischen Bauelementen. Vor allem Computer überleben die Folgen eines direkten Blitzeinschlags oder eines Blitznaheinschlags meistens nicht. Eine weitere Ursache für die erhebliche Zunahme der Überspannungsschäden ist die sehr schnell wachsende Vernetzung von elektronischen Anlagen und Systemen. Heute will man die Leistung eines Zentralrechners direkt am Arbeitsplatz nutzen. Auch dann, wenn sich der Zentralrechner am anderen Ende der Erde befindet. Es werden laufend neue Kabel und Leitungen verlegt, um die Übertragung von immer mehr Daten zu ermöglichen. Somit erhöht sich auch die Gefahr, dass Überspannungen in die an einem Netzwerk angeschlossenen Computer gelangen.

Bei einem Blitzeinschlag zerstört das elektromagnetische Feld des Blitzkanals, im Umkreis von mehreren hundert Metern, sensible Elektronik. Das energiereiche Feld wirkt zum einen direkt auf Geräte; zum anderen induziert der Blitz hohe Spannungen in das immer dichter werdende Netz der nachrichten- und energietechnischen Leitungen. Störungen beim Fernseh- und Radioempfang sowie Unterbrechun-

Bild 1.7.7.

Bild 1.7.8.

# 1. Allgemeines

## Von der Elektronenröhre zum Mikroprozessor

Elektronenröhre 1907 - 1948

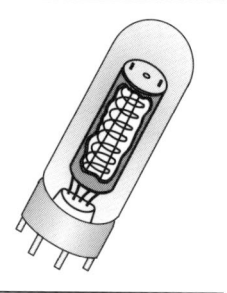

Transistor 1948 - 1960

Integrierte Schaltung 1960 - 1971

Mikroprozessor 1971 -

Bild 1.7.9.
Bild 1.7.10.

gen der Stromversorgung und zahlreich beschädigte Geräte sind heute, nach einem Blitzeinschlag, die Regel.

Am Anfang der fünfziger Jahre waren die Schäden, die durch Blitzeinwirkung entstanden sind, sehr gering. Zu dieser Zeit kamen die Elektronenröhren- und Relaistechniken zum Einsatz (Bild 1.7.9).

Telekommunikationslagen, Rundfunkgeräte, Fernseher, Computer usw. arbeiteten fast alle noch mit diesen Bauteilen, die eine hohe Spannungsfestigkeit gegenüber moderneren Bauelementen aufwiesen. Die nächste Gerätegeneration reagierte schon sensibler auf Überspannungen und war bis zum Ende der fünfziger Jahre mit Transistoren bestückt. Seit 1971 sind nahezu in allen leistungsfähigen elektronischen Geräten integrierte Schaltkreise eingebaut, die wesentlich empfindlicher sind als die in der Vergangenheit üblichen Bauelemente.

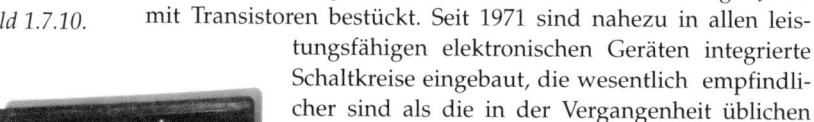

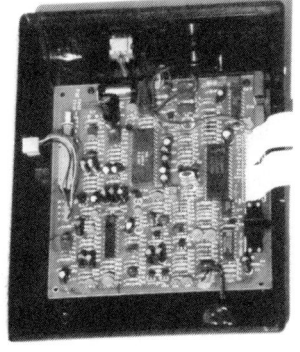

Jeder Telefonapparat enthält heute eine Vielzahl von sensiblen elektronischen Bauteilen (Bild 1.7.10). Die Fernsprecher von früher besitzen dagegen eine einfache, aber dafür robuste und unempfindliche Technologie, bei der die technischen Funktionen überwiegend mit elektromechanischen Mitteln realisiert sind (Bild 1.7.11). Zur Herstellung der gewünschten Telefonverbindung wurden damals elektromechanische Wähler ver-

## 1.7 Blitzschäden

wendet. Eine Vielzahl von Relais übernahm die notwendigen Steuer- und Schaltfunktionen.

Viele weitere Informationen über die Funktion von nachrichtentechnischen Anlagen und Geräten enthält das „Große Praxisbuch der Kommunikationstechnik" (ISBN 3-89576-109-5).

Nur verhältnismäßig hohe Überspannungen konnten Geräte, die in Relaistechnik aufgebaut waren, beschädigen. Selbst wenn sich ein Schaden durch Blitzüberspannungen ereignete, blieb er meist auf einige wenige Bauteile begrenzt. Die Beschädigungen waren in der Regel gut sichtbar, so dass die defekten Bauteile schnell ersetzt werden konnten.

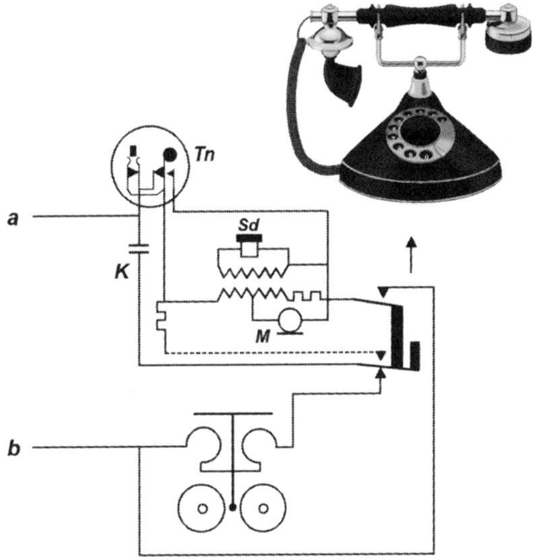

*Schaltplan eines Telefonapparates, Fabrikat Ericsson, Baujahr 1938*

Bild 1.7.11.

Bild 1.7.12.

Auch in der Luft- und Raumfahrt sind Überspannungen zu einem großen Problem geworden. Beispielsweise wurde ein im Landeanflug über Chicago kreisendes Flugzeug innerhalb von 20 Minuten viermal vom Blitz getroffen. Gewitter verursachten Abstürze von Flugzeugen und ließen auch Raketen versehentlich hochgehen (Bild 1.7.12 und 1.7.13).

**Jumbo im Gewitter Passagiere schleuderten an die Decke**

Von JOCHEN LEIBEL

Die Fluggäste schliefen. Als sie aufwachten, klebten sie unter der Decke. Katastrophenflug Nummer 437 von Johannesburg nach Paris. Nachts um 3.43 Uhr, 10 000 m über Westafrika. An Bord der Air-France-Boing 747 sind 203 Pasagiere, 18 Besatzungsmitglieder.

Der Pilot sieht auf den Radarschirm, schimpft: Verdammt, wir fliegen in ein gigantisches Tropengewitter. Über Bordfunk warnt er die Passagiere: Turbulenzen, bitte schnallen sie sich an. Sekunden später sackt das Flugzeug ruckartig durch. Mindestens 100 m.

Ein Blitz trifft die Maschine. Wer nicht an geschnallt ist hebt ab .............
29 Passagiere bleiben verletzt liegen, stöhnen vor Schmerzen. Knochenbrüche, Prellungen, Nasenbluten. Ein deutscher Arzt zufällig an Bord kümert sich um sie. Der Pilot geht in Marseille runter - Notlandung.

Quelle: BILD 6. 9. 1996

55

# I. Allgemeines

*Bild 1.7.13.*

## Blitzeinschlag läßt drei Raketen hochgehen

Washington (ap). Auf einem Gelände der US Weltraumbehörde NASA sind nach offiziellen Angaben vom Mittwoch drei kleinere Raketen durch Blitzeinschlag versehentlich gezündet worden und in die Luft gegangen. Zwei der Feststoffraketen gingen auf ihren einprogrammierten Kurs und landeten in einer Entfernung von vier Kilometern. Die dritte schoß völlig unkontrolliert los und schlug 100 Meter von der Startrampe entfernt im Wasser auf. Ihre eigentliche Aufgabe: Sie hatte die Auswirkung eines Gewitters in der Ionosphäre erforschen sollen.

Neumarkter Tagblatt 12.06.1987

Die Forschung auf dem Gebiet des Blitzschutzes kam anfangs nur mühsam voran. Der entscheidende Schaden entstand im November 1969 bei der Apollo-12-Mission, die fast als Katastrophe endete, weil einige Sekunden nach dem Start mehrere Blitze die Bordelektronik zerstörten. Die Politiker reagierten darauf mit bisher nie dagewesenen Mitteln, die für die Blitzforschung zur Verfügung gestellt wurden. Die Piloten der NASA jagten

*Bild 1.7.14.*

## Wetteramt: Gewitter legte Rechner lahm

Selbst das Wetteramt in Essen blieb nicht verschont. Ein Blitz legte den Rechner lahm. Die Wetterfrösche warnen: Auch heute sollen die Gewitter noch nieder gehen. Erst am Nachmittag werden sie abziehen.

Quelle: Ruhr Nachrichten 13.7.1995

durch mehrere hundert Gewitter, bis sie entdeckten, dass ein Blitz nicht in ein Flugzeug einschlägt, sondern vom Flugzeug selbst ausgelöst wird bzw. von ihm ausgeht. Das Flugzeug reißt die Ladung förmlich aus den Wolken. Natürlich kann der Blitz auch an Bordcomputern von Flugzeugen erhebliche Schäden anrichten.

> **Unwetter wütete über dem Revier-Norden**
>
> In Gelsenkirchen und Recklinghausen setzte der Blitz die Funkzentralen von Polizei und Feuerwehr außer Betrieb.
>
> Quelle: WAZ 14.7.95

Im 20. Jahrhundert wurden Blitze vielen Flugzeugen zum Verhängnis. Der Grund dafür war oft fehlender Überspannungsschutz und die mangelhafte Abschirmung von elektrischen Leitungen und der Bordelektronik. Das Verhindern von Blitzschäden an Flugobjekten war einst eine große Herausforderung für die Forschung und Entwicklung.

*Bild 1.7.15.*

Es liegt in der Natur der Blitze, dass sie Katastrophen anrichten können. Darüber hinaus verstehen sie es auch, ihr Eintreffen zu verheimlichen, indem sie ganz einfach den Rechner des Wetteramtes lahm legen (Bild 1.7.14). Das Himmelsfeuer schreckt auch nicht vor den Funkanlagen von Polizei, Rettungsdienst und Feuerwehr zurück, so dass es nach einem Blitzeinschlag in Gelsenkirchen zum Ausfall der Rettungskommunikation kam (Bild 1.7.15).

# 1.8 Verhaltensregeln

Die Gewittergefahr kündigt sich meistens an, bevor sie gefährlich nahe kommt. In der Abenddämmerung oder in der Nacht erkennen Sie ein heranziehendes Gewitter bereits sehr früh am so genannten Wetterleuchten. Das Wetterleuchten verursacht Blitze, die einige zehn Kilometer entfernt den Horizont erhellen. Das Geräusch eines Donners kann bei Gewittern, die wesentlich weiter als zehn Kilometer entfernt sind, nicht wahrgenommen werden. Erst wenn leises Donnergrollen zu hören ist, kann die Gefahr innerhalb kurzer Zeit da sein. Die Gewitterwolke bewegt sich mit einer Geschwindigkeit von ca. 60 km/h. Das heißt, in 15

# I. Allgemeines

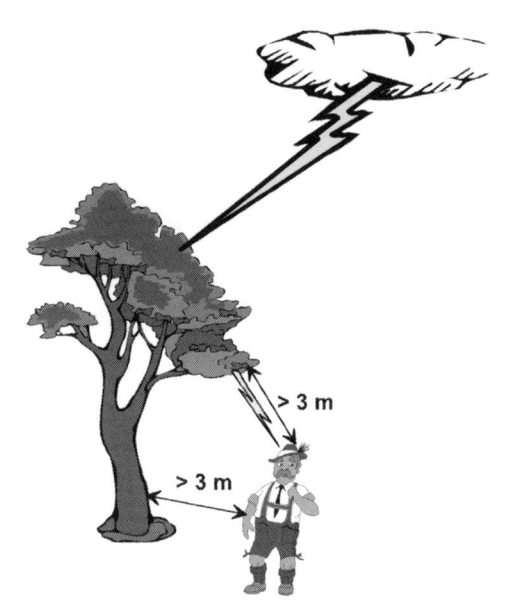

Der Abstand zu einem Baum und seinen Ästen sollte mindestens 3 m betragen

*Bild 1.8.1.*

bis 20 Minuten, nachdem sie den ersten Donner gehört haben, ist das Gewitter da, wenn es in Ihre Richtung zieht.

Durch die hohe Ausbreitungsgeschwindigkeit des Lichtes (300.000 km/s) wird der Blitz, auch in weiter Entfernung, ohne einen für den Menschen erkennbaren Zeitunterschied wahrgenommen. Der Schall des Donners benötigt aber eine Sekunde für 330 m. Wenn Sie nach dem Aufleuchten eines Blitzes zu zählen beginnen, können Sie feststellen, wie weit der Blitz entfernt war. Liegt die Zeit zwischen Blitz und Donner bei etwa 10 Sekunden, ist das Gewitter nur noch drei Kilometer entfernt und somit bereits gefährlich nahe.

Die Gefahr ist am größten, wenn man in freier Natur von einem Gewitter überrascht wird und keine Schutzhütte kurzfristig erreichbar ist. Unter keinen Umständen darf man unsinnige Regeln einhalten, z.b. „Weiden sollst du meiden", „Buchen musst du suchen" oder „Eichen musst du weichen" usw. Die Erfahrung zeigt, dass der Blitz in frei stehende Bäume bzw. Baumgruppen und in Bäume, die am Waldrand stehen, besonders gerne einschlägt. Grundsätzlich sollten mindestens 3 m Abstand zu jedem Baum und seinen Ästen eingehalten werden (Bild 1.8.1).

Auch in größerer Entfernung zu Bäumen besteht durch explosionsartig abgesprengte Baumteile das kleine Restrisiko einer Verletzung. Das Bild 1.8.2 zeigt eine vom Blitz getroffene Fichte; auf dem Bild 1.8.3 ist ein abgesprengtes Teil des vom Blitz getroffenen Baumstammes zu sehen, das, etwa 30 m vom Baum entfernt, wie eine Lanze im Erdreich steckte.

## 1.8 Verhaltensregeln

*Bild 1.8.2.*

*Bild 1.8.3.*

Viele Wanderer, Sportler, unerfahrene Bergsteiger usw. suchen während eines Gewitters oft Schutz unter Bäumen, um nicht vom Regen nass zu werden. Das Ergebnis sind Schlagzeilen in der Tageszeitung wie „Blitz tötet acht Wanderer unter Baum" oder „Angler unter einer Eiche vom Blitz erschlagen". Ein altes Sprichwort lautet: „Gott schützt die Liebenden". Aber trotzdem sollten auch Liebespaare während eines Gewitters Bäume meiden (Bild 1.8.4).

Es ist bekannt, dass der Blitz mit Vorliebe in hoch gelegene Gegenstände einschlägt. Dabei unterscheidet er nicht zwischen Personen und Bäumen. Vermeiden Sie es deswegen immer, der höchste Punkt in der Landschaft zu sein, wenn Sie von einem Gewitter im Freien überrascht werden.

**Liebespaar vom Blitz getroffen**

Ein Liebespaar bummelt nachmittags auf den Dreifaltigkeitsberg bei Spaichingen (Baden-Württemberg). Plötzlich verdunkelt sich der Himmel, ein tosendes Gewitter zieht auf. Die beiden flüchten unter einen Baum, kuscheln sich aneinander. Da trifft sie der Blitz. Mann (30) tot Freundin schwer verletzt.

Quelle: Bild 29.7.1996

*Bild 1.8.4.*

# I. Allgemeines

Bild 1.8.5.

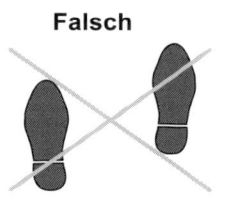

**Richtig**   **Falsch**

Im Freien sollte Sie Schutz in einer Bodensenke suchen und dort mit geschlossenen Füßen (Bild 1.8.5) die Hocke-Stellung einnehmen. Der einzige Nachteil bei dieser Geschichte ist, dass man ganz schön nass werden kann, aber lieber nass als vom Blitz getroffen.

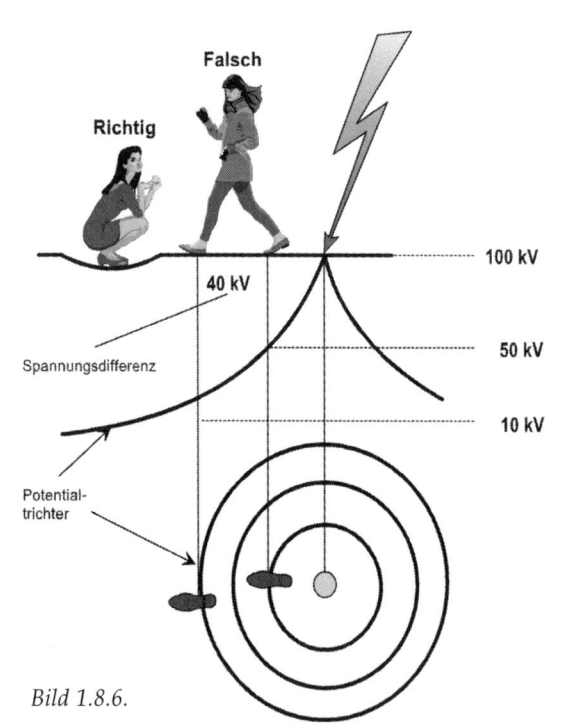

Durch die geschlossene Stellung der Schuhe verhindert man bei einem Blitznaheinschlag das Abgreifen einer lebensgefährlichen Schrittspannung. Der Blitz verursacht an der Einschlagstelle eine Spannungsanhebung des Erdreiches. Es entsteht ein so genannter Potentialtrichter, der mit zunehmender Entfernung von der Blitzeinschlagstelle eine geringer werdende Spannung verursacht. Die vorhandene Spannungsdifferenz kann lebensgefährdend sein, wenn z.B. eine Person auf die Blitzeinschlagstelle zugeht oder sich von dieser entfernt (Bild 1.8.6).

Bild 1.8.6.

Je größer der Abstand zwischen den Füßen ist, desto höher ist auch die Spannung, die auf den Menschen einwirken kann. Bei Personen beträgt die Schrittweite ca. einen Meter. Großtiere wie Pferde, Rin-

## 1.8 Verhaltensregeln

der usw. sind noch mehr gefährdet, da sie mit vier Beinen auf der Erde stehen und der Abstand von den Vorder- zu den Hinterbeinen mit zwei Metern doppelt so groß ist wie die Schrittlänge des Menschen (Bild 1.8.7).

Bei Gewitter zu baden ist sehr leichtsinnig. Selbst wenn der Blitz einige hundert Meter neben dem Schwimmer einschlägt, kann das lebensgefährlich sein. Aber nicht nur in Badeseen oder Freibädern ist das Baden während eines Gewitters gefährlich, sondern auch in Hallenbädern und zu Hause in der Badewanne ist man in Gefahr, vor allem dann, wenn der so genannte Blitzschutz-Potentialausgleich nicht vorhanden ist oder nicht fachgerecht ausgeführt wurde.

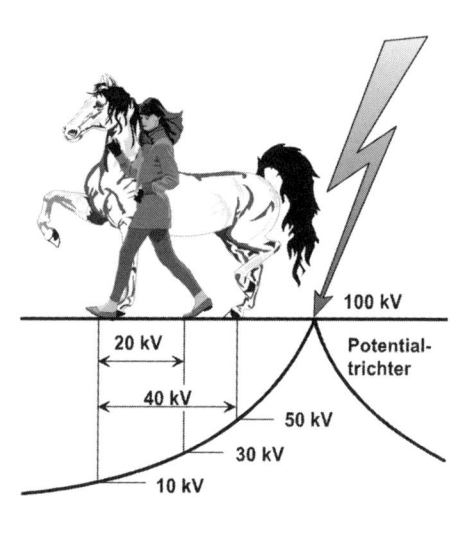

*Bild 1.8.7.*

Nach Möglichkeit sollten Sie versuchen, ein Haus mit Blitzschutzanlage zu erreichen. Darüber hinaus bietet auch ein Auto mit Ganzmetallkarosserie einen hervorragenden Schutz, weil die Karosse einen „Faradayschen Käfig" bildet, in den der Blitz nicht einzudringen vermag. Bei einem direkten Blitzeinschlag in das Auto fließt der Blitzstrom außen an der Karosserie entlang und sucht sich seinen Weg über die Reifen oder direkt über die Karosserie zum Erdboden (Bild 1.8.8). Obwohl viele glauben, die Isolation der Reifen gegenüber dem Erdreich bewirke den Schutzeffekt, wirken sich bei dem ganzen Geschehen die Reifen eher nachteilig aus. Unter Umständen kann der Blitz einen Autoreifen beschädigen.

Hinzu kommt die Gefahr, dass der Fahrer eines KFZs vom Blitz geblendet werden kann und dadurch eventuell einen Unfall verursacht. Das heißt, während eines Gewitters

*Bild 1.8.8.*

Das Auto bietet den Schutz eines „Faradayschen Käfigs"

# 1. Allgemeines

runter vom Gas und bei der nächsten möglichen Gelegenheit anhalten und warten, bis das Gewitter vorbei ist.

Wenn Sie folgende Regeln beachten, kommen Sie verhältnismäßig sicher durch ein Gewitter:

- Runter von hoch gelegenen Orten wie Aussichtstürmen, Sprungtürmen, Hügeln, Bergen usw.
- Abstand halten von hohen Gegenständen wie Bäumen, Masten, Türmen usw.
- Abstand halten von Metallzäunen und Brücken.
- Nicht baden und nicht duschen und raus aus ungeschützten Holzbooten.
- Nicht telefonieren (gilt nicht für Handys und schnurlose Telefone) und keine ans Netz angeschlossene Elektrogeräte berühren.
- Nicht Fahrrad oder Motorrad fahren.
- Nicht gehen, laufen oder reiten.
- Nach Möglichkeit nicht mit dem Auto fahren. Besonders gefährdet sind Kabrios und alle Autos, die keine geschlossene Ganzmetallkarosserie besitzen.
- Personengruppen, die während eines Gewitters im Freien sind, sollten nicht dicht zusammenstehen. Um im Blitzeinschlagsfall viele Verletzte und Tote zu vermeiden, sollte jeder einen Abstand von einigen Metern zur nächsten Person einhalten.

Nutzen Sie vor allem bei langen Wanderungen und Bergtouren moderne Informationsdienste, die Sie rechtzeitig über Funkempfänger oder Handy vor einem herannahenden Gewitter warnen, so dass Sie rechtzeitig vor dem Eintreffen des Gewitters einen sicheren Aufenthaltsort erreichen.

## 1.9 Erste Hilfe für Blitzopfer

Forschungen über die Wirkung des elektrischen Stromes auf den Menschen und die Auswertung von Stromunfällen haben das Wissen um die Gefährdung des Menschen bedeutend erhöht.

## 1.9 Erste Hilfe für Blitzopfer

Heute wissen wir, dass bei einem Blitzschlag ein Strom auf den menschlichen Körper einwirkt (Bild 1.9.1), der gegebenenfalls zum Herzstillstand oder zu einem unregelmäßigen Herzschlag führt. Die Befehle, die das Gehirn an die Muskeln sendet, kommen nicht mehr zur Ausführung. Im Körper des Menschen wird jede Muskelbewegung durch elektrische Impulse gesteuert. Die Höhe der Steuerspannung des menschlichen Gehirns beträgt ca. 100 mV. Werden diese vom Gehirn ausgesendeten Impulse oder das Nervensystem durch äußere Fremdspannungen beeinflusst, kommt es zu Störungen des Bewegungsablaufes. Beim Stromdurchfluss durch den Körper sind unterschiedliche Einflüsse von Bedeutung. Dazu zählen als wichtigste Kriterien:

- Höhe der elektrischen Spannung
- Stärke des elektrischen Stromes
- Frequenz
- Widerstand des menschlichen Körpers
- Einwirkdauer des Stromes auf den Körper

*Bild 1.9.1.*

*Bild 1.9.2.*

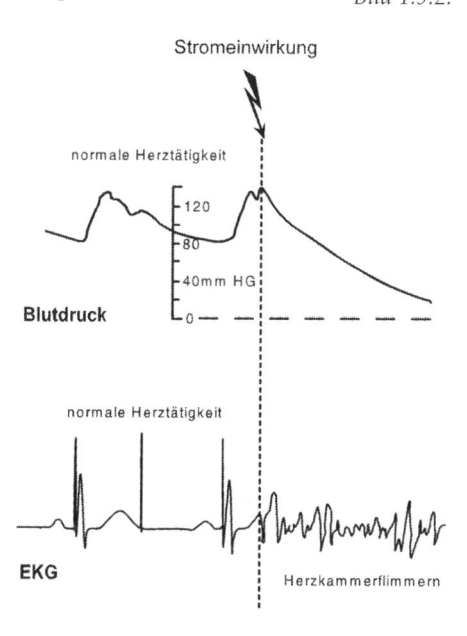

Die im Körper umgesetzte elektrische Energie ist ausschlaggebend für das Ausmaß der Verletzungen. Durch Blitzeinwirkung kann der natürliche Pumprhythmus des Herzens gestört werden. Es stellt sich Herzkammerflimmern ein (Bild 1.9.2), und der Blutdruck verändert sich. Eine ausreichende Blutzirkulation ist nicht mehr gegeben, und bereits drei bis fünf Minuten in diesem Zustand können wegen der fehlenden Sauerstoffversorgung zu einer Schädigung des Gehirns oder gegebenenfalls zum Tode führen.

Aus diesem Grund kann oft nur sofortige Hilfe an Ort und Stelle das Leben eines Blitzopfers retten. Weiterhin ist die schnelle Alarmierung

## I. Allgemeines

eines Notarztes erforderlich. Ein Handy kann in solchen Notfällen Leben retten. Vor allem dann, wenn man mit dem Blitzopfer allein in freier Natur und einige Kilometer von der nächsten Ortschaft entfernt ist.

Folgende Symptome können bei einem Blitzschlagverletzten auftreten:

- Muskellähmung
- Nervenlähmung
- Sehstörung
- Hörstörung
- erhöhter Blutdruck
- schwacher Pulsschlag
- unregelmäßige und schwache Atmung
- stark erweiterte Pupillen
- Bewusstseinsstörungen
- Bewusstlosigkeit
- Verbrennungen ersten bis dritten Grades
- Herzstillstand

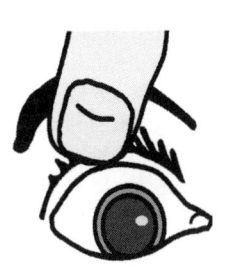

*Bild 1.9.3.*

*Bild 1.9.4.*

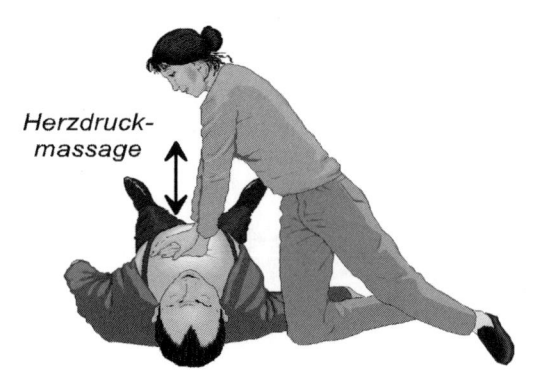

**Herzdruckmassage**

Gibt sich ein Herzstillstand des Blitzopfers, durch stark erweiterte Pupillen (Bild 1.9.3) und am Aussetzen der Atmung sowie an einem nicht mehr ertastbaren Pulsschlag, zu erkennen, muss sofort mit der Ersten Hilfe bzw. mit der Herzdruckmassage begonnen werden.

Die Herzdruckmassage ist eine Notfallmaßnahme, mit der man einen Minimalkreislauf trotz Herzstillstands gewährleisten kann. Grundsätzlich muss die Herzdruckmassage auf einer harten Un-

## 1.9 Erste Hilfe für Blitzopfer

terlage erfolgen. Durch Verlagerung des Körpergewichtes auf die gestreckten Arme und die übereinander gelegten Handballen (Bild 1.9.4) wird mit einer Frequenz von 80 bis 100/min ca. 10-mal ein rhythmischer Druck auf das Herz ausgeübt. Der Druck soll senkrecht von oben und beim Erwachsenen bis in eine Tiefe von vier bis fünf Zentimeter erfolgen. Anschließend wird die Atemspende bzw. Mund-zu-Mund-Beatmung durchgeführt.

Dabei wird der Atem eingeblasen, bis sich der Brustkorb hebt (Bild 1.9.5). Nach dem Einblasen und dem Senken des Brustkorbs den Vorgang noch viermal wiederholen. Danach soll die Herzdruckmassage wieder zum Einsatz kommen. Die Beatmung und Herzdruckmassage wird abwechselnd angewendet, bis ein Herzschlag und die Atmung wieder hergestellt sind oder bis der Notarzt eintrifft. Entfernt man sich vom Ort des Geschehens, um Hilfe zu holen, so ist es wichtig, dass der Verletzte zuvor in die stabile Seitenlage gebracht wird (Bild 1.9.6).

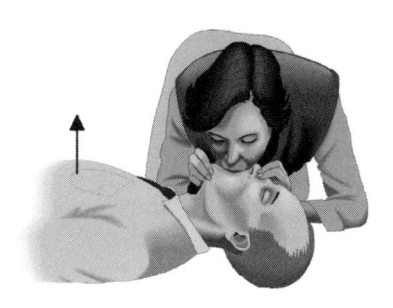

*Bild 1.9.5.*

*Bild 1.9.6.*

Oft bildet sich während der Blitzeinwirkung auf einen Menschen ein Gleitüberschlag entlang der Körperoberfläche. Der dabei entstehende Gleitlichtbogen kann zur Zerfetzung und Verbrennung von Kleidern sowie zu schweren Hautverbrennungen führen (Verbrennungen sind nach Möglichkeit steril zu bedecken). Meist sind auf der Haut farnkrautartige verzweigte Blitzfiguren zu sehen. Der größte Teil des Blitzstromes fließt dabei aber nicht durch den Körper, sondern außen über die Körperoberfläche. Auf Grund dessen konnten viele Personen, die vom Blitz getroffen wurden, überleben.

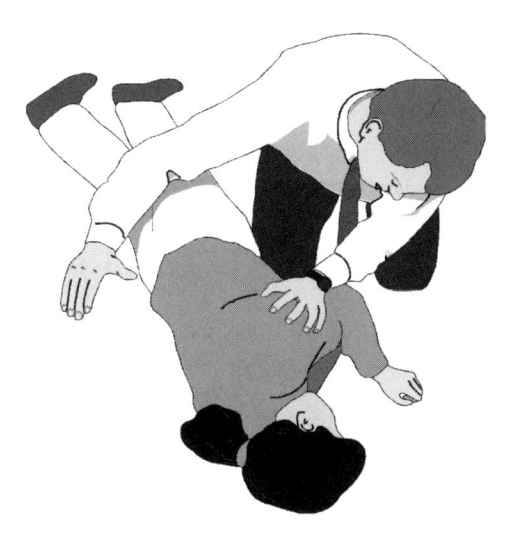

## 1. Allgemeines

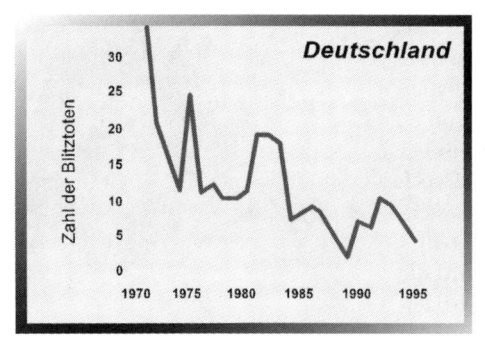

*Bild 1.9.7.*

Tödliche Unfälle durch direkten Blitzeinschlag

*Bild 1.9.8.*

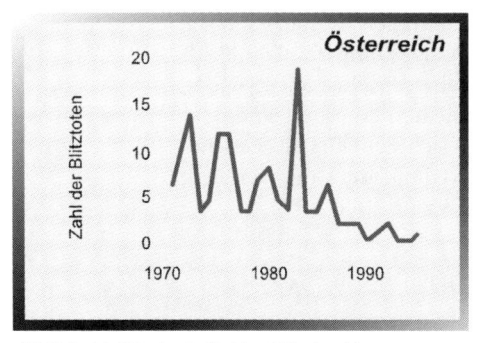

Tödliche Unfälle durch direkten Blitzeinschlag

Erste Hilfe kann nur dann schnell und wirkungsvoll durchgeführt werden, wenn der Helfer an einem Erste-Hilfe-Kurs teilgenommen hat. Darüber hinaus ist es wichtig, dass die Kenntnisse auf dem Gebiet der Ersten Hilfe durch regelmäßiges Wiederholen des Kurses aufgefrischt und aktualisiert werden.

In den USA werden jährlich etwa 100 Menschen vom Blitz erschlagen, die meisten sollen nach Angaben der Amerikaner beim Golfspielen durch die Naturgewalt der Blitze ums Leben kommen. Nach Angaben des Amerikanischen Wetterdienstes starben von 1959 bis 1994 über 3.000 Personen an den Folgen von Blitzeinwirkungen, und fast 10.000 Menschen wurden im selben Zeitraum von Blitzen verletzt. Aufgrund der kleineren Fläche von Deutschland und Österreich sterben bei uns und unseren Nachbarn durchschnittlich „nur" ca. zehn Personen pro Jahr an Blitzschlag (Bild 1.9.7 und 1.9.8).

## 1.10 Blitze fotografieren

Blitze zu fotografieren gelingt meist nur in der Abenddämmerung oder in der Nacht. Um einen Blitz mit der Kamera einfangen zu können, ist eine Belichtungszeit von mehreren Sekunden bis zu mehreren Minuten erforderlich. Mit diesen verhältnismäßig langen Belichtungszeiten kann man tagsüber nicht fotografieren. Der Grund dafür ist, dass bei Tageslicht diese langen Zeiten zur Überbelichtung der Aufnahmen führen würden.

## 1.10 Blitze fotografieren

Um zu verhindern, dass die Aufnahme verwackelt, ist ein Stativ (Bild 1.10.1) erforderlich. Die Verwackelungsgefahr steigt mit zunehmender Länge der Belichtungszeit. Als Faustregel gilt, dass die Belichtungszeit nicht länger sein sollte als die Brennweite des Objektives. Das heißt, für eine Aufnahme mit einem Objektiv, dessen Brennweite z.b. 100 mm beträgt, darf die Belichtungszeit nicht länger als eine Hundertstel Sekunde sein, wenn ohne Stativ aufgenommen wird.

Die Kamera muss eine eingebaute Vorrichtung für die Dauerbelichtung besitzen. Die Einstellung für Langzeitbelichtung ist am Zeitwähler, bzw. dem Programmwähler der Kamera mit „B" gekennzeichnet. Beim Kauf der Kamera ist zu beachten, dass diese Einstellung möglich ist, denn moderne Kameras verfügen oft nur mehr über eine Programmautomatik, die Langzeitbelichtungen nicht zulässt.

*Bild 1.10.1.*

*Bild 1.10.2.*

Bei der Kameraeinstellung „B" für Langzeitbelichtung bleibt der Verschluss des Objektives so lange geöffnet, wie man den Auslöser betätigt bzw. gedrückt hält. Durch das Berühren der Kamera während der Dauerbelichtung besteht wieder das Risiko des Verwackelns. Auf Grund dessen ist entweder eine Kamera mit Drahtauslöser (Bild 1.10.2) oder noch besser mit Funkauslöser (Bild 1.10.3) zu verwenden. Beim Kauf einer geeigneten Kamera ist zu beachten, dass der Anschluss eines Draht- oder Funkauslösers an die Kamera möglich ist.

Um das himmlische Feuerwerk zu fotografieren, ist kein besonderer Film erforderlich. Mit einem Standardfilm, der eine Empfindlichkeit von 21 DIN (100 ASA) besitzt, lassen sich die gute Ergebnisse erzielen.

*Bild 1.10.3.*

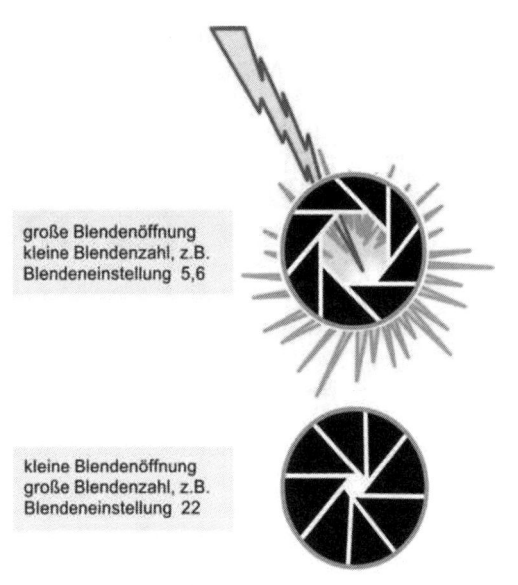

# 1. Allgemeines

große Blendenöffnung
kleine Blendenzahl, z.B.
Blendeneinstellung 5,6

kleine Blendenöffnung
große Blendenzahl, z.B.
Blendeneinstellung 22

Sehr eindrucksvolle Bilder entstehen durch die Verwendung eines Weitwinkelobjektives und einer Belichtungszeit, die so gewählt wird, dass mehrere Blitze hintereinander das gleiche Bild belichten. Die Blende kann für Panoramaaufnahmen weit geöffnet sein. Für eine große Blendenöffnung ist der Blendenring auf eine kleine Blendenzahl, für eine kleine Blendenöffnung ist das Einstellen einer großen Blendenzahl erforderlich (Bild 1.10.4).

Für Panoramaaufnahmen ohne Vordergrundmotiv kann die größte mögliche Blendenöff-

*Bild 1.10.4.*

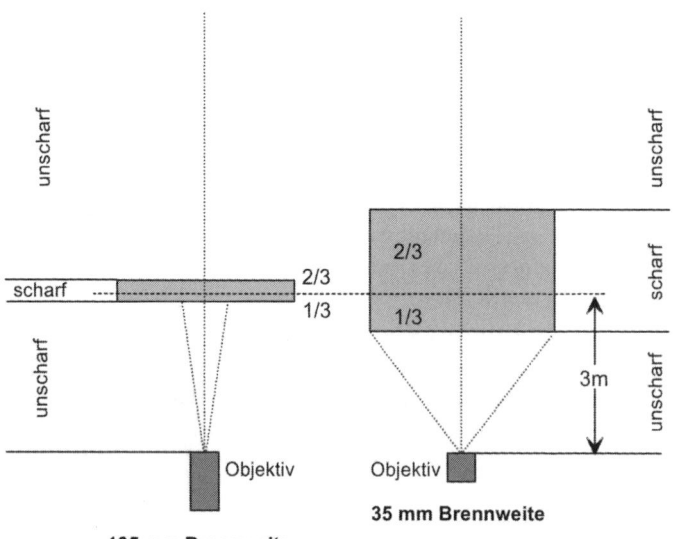

**Tiefenschärfe in Abhängigkeit von der Brennweite**

*Bild 1.10.5.*   135 mm Brennweite    35 mm Brennweite

## 1.10 Blitze fotografieren

**Tiefenschärfe in Abhängigkeit von Brennweite und Blendeneinstellung**

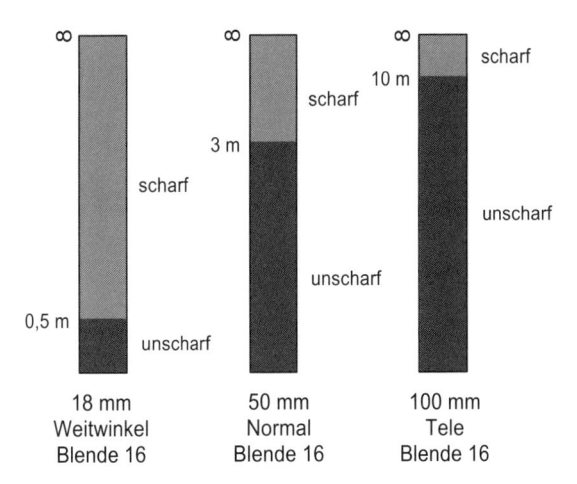

*Bild 1.10.6.*

| 18 mm | 50 mm | 100 mm |
|---|---|---|
| Weitwinkel | Normal | Tele |
| Blende 16 | Blende 16 | Blende 16 |

nung des Objektives eingestellt werden. Bilder, die ein Motiv im Vordergrund zeigen, sind mit kleineren Blendenöffnungen zu fotografieren. Eine kleine Blendenöffnung bewirkt eine größere Tiefenschärfe des Bildes. Unter Tiefenschärfe versteht man den Bereich, der auf einem Bild scharf dargestellt ist.

Die Tiefenschärfe ist aber nicht nur abhängig von der Blende, sondern auch von der Entfernung, auf die scharf gestellt wird, und von der Brennweite des Objektives. Objektive mit großer Brennweite erreichen nur eine geringe Tiefenschärfe. Das Bild 1.10.5 zeigt im Vergleich die Tiefenschärfe eines Objektives mit 135 mm und eines Objektives mit 35 mm Brennweite. Die so genannte 1/3-zu-2/3-Regel besagt, dass grundsätzlich ein Drittel des Vordergrundes und zwei Drittel des Hintergrundes von dem Abstand, auf den das Objektiv eingestellt ist, scharf auf dem Bild dargestellt werden.

Die Abhängigkeit der Tiefenschärfe von der Brennweite des Objektives ist auf der vergleichenden Darstellung von Bild 1.10.6 für die Brennweiten 18 mm, 50 mm und 100 mm zu sehen. Den größten Tiefenschärfenbereich erhält man mit der kleinsten Blendenöffnung des Objektives. Beispielsweise ist bei einem Ob-

# I. Allgemeines

*Bild 1.10.7.*

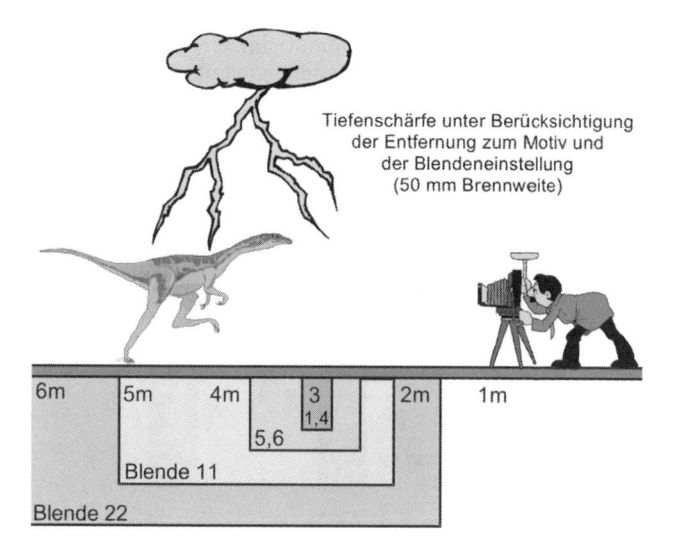

Tiefenschärfe unter Berücksichtigung der Entfernung zum Motiv und der Blendeneinstellung (50 mm Brennweite)

| 6m | 5m | 4m | 3 | 2m | 1m |

Blende 1,4
Blende 5,6
Blende 11
Blende 22

jektiv mit 50 mm Brennweite (Normalobjektiv), das auf eine Entfernung von drei Meter eingestellt ist, der gesamte Bereich von zwei Metern bis unendlich scharf. Bei einer großen Blendenöffnung (z.B. Blende 1,4) und dem gleichen Objektiv, bei gleicher Entfernungseinstellung, wird nur der Bereich von etwa 2,9 bis 3,2 Meter scharf dargestellt (Bild 1.10.7). Besonders schöne Effekte sind möglich, wenn Sie zu Beginn der Langzeitbelichtung den Vordergrund mit einem Blitzlichtgerät aufhellen.

Sehr wichtig ist, dass Sie beim Fotografieren ihre eigene Sicherheit nicht vernachlässigen und für die Erstellung der Aufnahmen einen geschützten bzw. ungefährlichen Standort auswählen. Für Aufnahmen, die nur von einem risikoreichen Standort aus möglich sind, sollte nach Möglichkeit ein Funkauslöser zum Einsatz kommen.

Kameras, die alle Voraussetzungen für die Blitzfotografie besitzen, sind kaum noch im Handel erhältlich, da bei den modernen Kameras fast alle Einstellungen automatisch erfolgen und meist auch keine Anschlüsse für Fernauslöser vorhanden sind. Ein zur Blitzfotografie geeignetes bzw. älteres Kameramodell können Sie, mit ein wenig Glück, sehr preisgünstig in Europas größter Internet-Auktionshalle (**http://www.ebay.de**) erwerben. Das ebay.de-Angebot enthält meist mehrere 100 Fotokameramodelle; auch das erforderliche Zubehör ist fast immer in sehr großer Auswahl vorhanden.

## 1.11 Dunkelblitze (Spherics)

Seit vielen Jahren liegen wissenschaftliche Beweise vor, dass Wetterfühligkeit (*Meteorotropismus*) keine Einbildung ist. Es handelt sich hier vermutlich um einen Vorkrankheitszustand, der sich eventuell als Folge einer Wetterveränderung, durch verschiedene Gesundheits- und Befindensstörungen bemerkbar macht.

Zum Beispiel konnte der Großvater des Autors, der im Zweiten Weltkrieg ein Bein verlor, mehrere Jahrzehnte danach bei einer Wetteränderung die fehlenden Gliedmaßen als schmerzend empfinden. Nach neuen Erkenntnissen hat diese Wetterfühligkeit nicht nur mit Wettereigenschaften wie Wärme, Kälte, Nässe oder Luftdruck zu tun. Auslöser der Wetterfühligkeit sind auch elektromagnetische Schwingungen, die zum Beispiel durch atmosphärische Entladungen (Blitze) entstehen.

Sogenannte *Spherics* (abgeleitet vom englischen Begriff *atmospherics*) sind die Vorboten von Wetterumschlägen und werden von den Wetterfühligen gespürt. Spherics sind Dunkelblitze bzw. unsichtbare Blitze, die mit dem Magnetfeld der Erde in Zusammenhang stehen. Sie dauern nur ca. 200 Mikrosekunden bis einige Millisekunden und breiten sich kugelförmig in alle Richtungen mit Lichtgeschwindigkeit aus. Die Raumwellen-Spherics entstehen meist bei Gewitter und können in etwa 80 km Höhe von der Ionosphäre reflektiert werden, so dass sie in über 1.000 km Entfernung noch spürbar sind. Das heißt, Spherics, die in Mitteleuropa aufgenommen werden, können in Gewitterzellen über Afrika oder Südeuropa entstehen. Die Bodenwellen-Spherics breiten sich, ohne von der Ionosphäre reflektiert zu werden, innerhalb der Troposphäre aus und können deswegen nur verhältnismäßig geringe Entfernungen zurücklegen. Neben den Gewittern können starke Spherics-Aktivitäten auch durch andere meteorologische Ereignisse, wie zum Beispiel Wirbelstürme, entstehen.

# I. Allgemeines

Die Aktivitäten der Spherics sind mitunter abhängig von der Sonne und der Erddrehung. In der Mittagszeit erreichen die Spherics-Aktivitäten ihren Höhepunkt; ihr Nullpunkt liegt in der Mitternachtszeit. Während sich die Spannungen beim Gewitter mit sichtbaren Blitzen entladen, geschieht dies bei den Spherics im Unsichtbaren, aber dennoch für viele Leute spürbar, da sie in Abhängigkeit von der Frequenz einen mehr oder weniger großen Einfluss auf die Biologie des Menschen ausüben.

Ähnlich dem Wetterfrosch verfügen auch Ameisen, neben ihrer Fähigkeit, ultraviolettes und polarisiertes Licht wahrzunehmen, über einen zusätzlichen Sinn, der Spherics im 28-kHz-Bereich erkennt. Mit diesem „Spheric-Sinn" können sie einen Wetterumschlag einige Tage im Voraus erkennen, so dass es ihnen fast immer gelingt, ihre Nester rechtzeitig abzudichten. Sie erkennen durch die Intensität und Frequenz der Spherics auch die Art des herannahenden Niederschlages und bestimmen auf Grund dieses Wissens eine dementsprechende Abdichtungsweise für ihre Behausungen. Da diese Tiere nie im Regen herumkrabbeln, ist ein Ameisenhaufen, ohne sichtbare Ameisen, ein nahezu sicherer Hinweis auf das Heranziehen eines Gewitters.

Vermutlich waren die Spherics zu Neandertalers Zeiten eine große Hilfe für die ersten Menschen. Sie hatten wahrscheinlich, wie Ameisen und Frösche, die Fähigkeit, Wetterveränderungen zu spüren, und konnten die Art des bevorstehenden Wetters erkennen. Im Laufe der Zeit und mit der „Zivilisation" hat sich dieser Sinn zurückgebildet. Die heute weit verbreiteten wetterabhängigen Beschwerden sind eventuell das, was von diesem einst nützlichen sechsten Sinn übrig blieb.

Zu den Krankheiten, die unter Spherics-Einwirkung ausgelöst werden können, gehören zum Beispiel Kopfschmerzen, Schwindelgefühle, Übelkeit, Rheuma, Epilepsie, Asthma, Koliken, Migräne, Krämpfe und Herzleiden. Zu Zeiten hoher Spherics-Aktivitäten steigt angeblich auch die Anzahl der Geburten, Narkosezwischenfälle, Verkehrsunfälle usw. Derzeit werden Untersuchungen durchgeführt, die eine Abhängigkeit von den verschiedenen Spheric-Frequenzen zu den unterschiedlichen Krankheitserscheinungen bestätigen sollen, so dass in Zukunft verlässliche Vorhersagen für Risikopatienten möglich sind. Wie heute bei der Pollen-Vorhersage des Deutschen Wetterdienstes

## 1.11 Dunkelblitze (Spherics)

könnten die Untersuchungsergebnisse eine Spheric-Vorhersage ins Leben rufen, die dem Betroffenen hilft, rechtzeitig Schutzmaßnahmen zu ergreifen. Darüber hinaus könnte das aus dem Spherics-Forschungsergebnis resultierende Wissen die Grundlage sein für die Entwicklung von Geräten, die das Raumklima in Büros (usw.) mit künstlich erzeugten Feldern so beeinflussen, dass sie den Stress abbauen und zur Ausgeglichenheit sowie zum Wohlbefinden des Menschen beitragen.

Es ist heute bereits erwiesen, dass durch die Beeinflussung der Spherics das Gehirn bei einem heranziehendem Gewitter seine Aktivitäten ändert. Über den Zeitraum von vier Jahren hat eine Diplompsychologin insgesamt 200 Versuchspersonen einem künstlichen Gewitter ausgesetzt. Das Ergebnis war, dass Gewitter-Spherics die Produktion des Hormon Serotonin beeinflussen. Selbst wenn ein Gewitter noch weit entfernt ist, kann sich das bereits auf den Gemütszustand, das allgemeine Wohlbefinden und auf die Gesundheit des Menschen auswirken.

Die Wirkung des Serotonins ist noch nicht ausreichend erforscht. Wir wissen aber, dass es aus der Aminosäure „Tryptophan" gebildet wird und eine Erregung oder Information von einer Nervenzelle auf eine Organzelle übertragen kann.

Die Freisetzung des Serotonins verursacht wahrscheinlich auch die typische Frauenkrankheit Migräne. Darüber hinaus kann das Serotonin auch Auslöser für starke Depressionen und Tobsuchtsanfälle sein. Im Orient werden bei einer Urteilsfindung unter anderem Spherics-Beeinflussungen als strafmildernder Umstand berücksichtigt.

Aber nicht nur Menschen werden durch die Spherics beeinflusst; auch die Herstellung von Gelatine, die für ein bestimmtes Druckverfahren erforderlich ist, kann misslingen, wenn diese Wetterstrahlung mit einer Frequenz von 10 kHz bzw. 28 kHz auftritt. Unsere Vorfahren kannten keine Spherics, wussten aber, dass die Milch sehr schnell sauer werden kann, wenn ein Gewitter heranzieht. Heute wissen wir, dass diese immer noch sehr geheimnisvolle und niederfrequente Strahlung für die viel zu schnell sauer gewordene Milch verantwortlich ist.

Ein wichtiger Punkt für alternative Heilmethoden ist die Annahme, dass im Krankheitsfall ein „Energiefluss" im Körper gestört

# 1. Allgemeines

## Wetterabhängige Beschwerden

**Beschwerden**

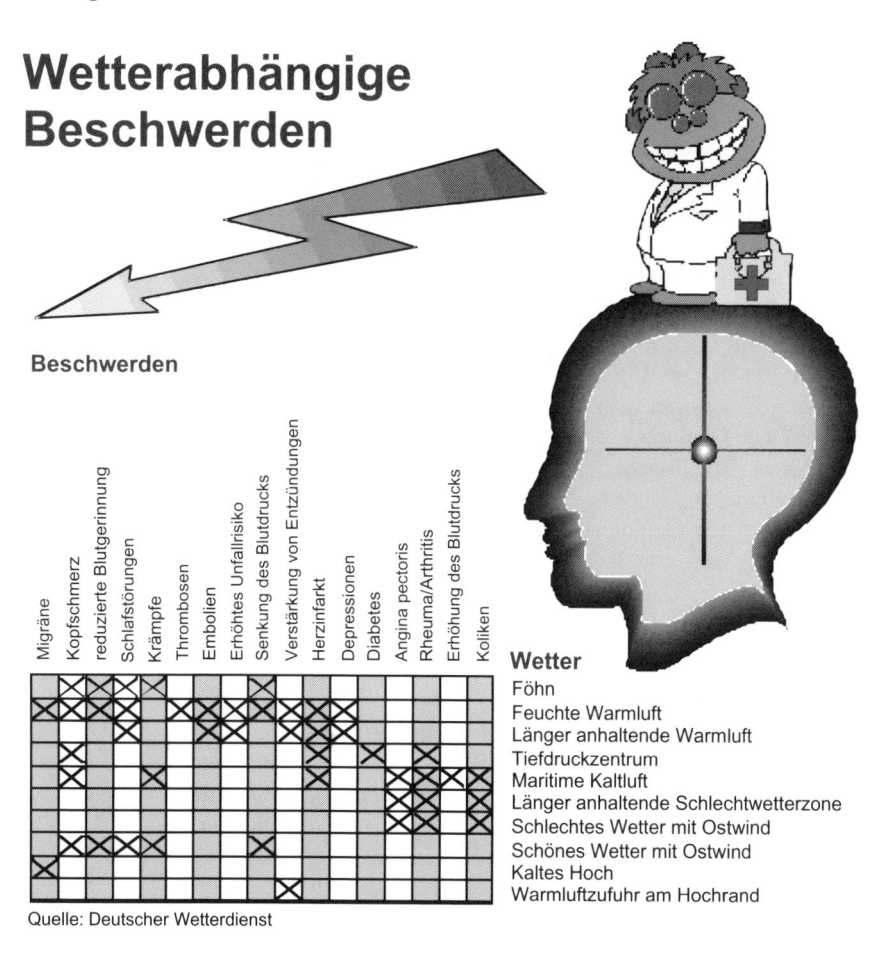

| | Migräne | Kopfschmerz | reduzierte Blutgerinnung | Schlafstörungen | Krämpfe | Thrombosen | Embolien | Erhöhtes Unfallrisiko | Senkung des Blutdrucks | Verstärkung von Entzündungen | Herzinfarkt | Depressionen | Diabetes | Angina pectoris | Rheuma/Arthritis | Erhöhung des Blutdrucks | Koliken |
|---|---|---|---|---|---|---|---|---|---|---|---|---|---|---|---|---|---|
| | X | X | X | X | | | | X | X | X | X | | | | | | |
| | X | X | | X | | | | | | | | | | | | | |
| | | X | | | | | | | | | | | X | X | | | |
| | | | | | | | | | | | | | | | X | | |
| | | | | | | | | | | | | | | | | | |
| | X | X | X | X | | | | | | | | | | | | | |
| | X | | | | | | | | | | | | | | | | |
| | | | | | | | | | | | | | | | | X | |

Quelle: Deutscher Wetterdienst

**Wetter**
Föhn
Feuchte Warmluft
Länger anhaltende Warmluft
Tiefdruckzentrum
Maritime Kaltluft
Länger anhaltende Schlechtwetterzone
Schlechtes Wetter mit Ostwind
Schönes Wetter mit Ostwind
Kaltes Hoch
Warmluftzufuhr am Hochrand

*Bild 1.11.1.* ist, der positiv beeinflusst werden muss. Das kann zum Beispiel mit den Produkten der Firma Nikken geschehen, die ein künstliches Magnetfeld ausstrahlen, das sich positiv auf das allgemeine Wohlbefinden des Menschen auswirkt. Zugleich soll diese magnetische Strahlung das Leiden von wetterfühligen Personen erheblich reduzieren. Weitere Informationen zu diesen Produkten erhalten Sie unter **http://www.nikken.com**.

Wer sich über Spherics und die unteren Frequenzbereiche ELF/ULF sowie VLF aktuell informieren möchte, der wird im Internet viele private Homepages, Forschungsinstitute und

## 1.11 Dunkelblitze (Spherics)

Hochschulen finden, die sich mit diesem Thema befassen und ausführlich darüber berichten, wie zum Beispiel: **www.aatis.de** und **http://schippke.tripod.com**. Viele Internet-Adressen zu diesem Thema werden aufgelistet, wenn Sie in der Internet-Suchmaschine **http://www.metager.de** den Suchbegriff *Spherics* eingeben.

Den Funkamateuren vieler Länder wurden mittlerweile Frequenzbereiche um 136 kHz zugewiesen, somit sind auf diesem Gebiet auch experimentelle Möglichkeiten über Ländergrenzen hinweg gegeben. Diese leidenschaftlichen Hobbyisten werden mit Sicherheit das Wissen über Spherics erweitern und einen Grundstock an Informationen liefern, der auch den Herstellern von modernen medizintechnischen Geräten nützt.

Grundsätzlich sind heute die Spherics mit ihren Wirkungen auf Mensch und Tier nicht ausreichend erforscht. Aber welche Beschwerden die Wetterlage hervorrufen kann oder verschlimmert, ist seit langer Zeit aus Erfahrung bekannt (Bild 1.11.1).

# 2. Äußerer Blitzschutz

## 2.1 Fangeinrichtung

Im Normalfall wird nach DIN VDE 0185 Teil 1 bei Gebäuden mit Flach- oder Satteldach auf der Dachfläche ein so genanntes Fangnetz mit einer Maschenweite von 10 m × 20 m errichtet. Bei zu schützenden Gebäuden mit umfangreichen elektronischen Einrichtungen ist die Maschenweite auf 10 m × 10 m zu reduzieren. Nach der nationalen Vornorm VDE V 0185 Teil 100, die auf internationaler Ebene bereits seit Jahren akzeptiert wird und einen neueren Stand der Technik darstellt, sind entsprechend der Blitzschutzklasse vier verschiedene Maschenweiten möglich (Bild 2.1.1). Die Blitzschutzklasse eins stellt die höchsten Anforderungen an den Blitzschutz eines Gebäudes oder einer baulichen Anlage. Zum Beispiel wurde für eine Ortsnetz-Transformatorstation, deren Verfügbarkeit sehr wichtig ist, die Blitzschutzklasse 1 mit Maschenweite 5 × 5 m gewählt (Bild 2.1.2).

| Blitzschutzklasse | Maschenweite |
|---|---|
| 1 | 5 × 5 m |
| 2 | 10 × 10 m |
| 3 | 15 × 15 m |
| 4 | 20 × 20 m |

Fangeinrichtung nach VDE V 0185 Teil 100

*Bild 2.1.1.*

*Bild 2.1.2.*

Ein geeigneter Werkstoff für Fangleitungen ist zum Beispiel blanker Kupferdraht mit 8 mm Durchmesser oder blanker Aluminiumdraht mit 10 mm Durchmesser. Bei der Montage der Fangleitungen auf einem Satteldach verlegt man parallel zum Dachfirst die Firstleitung, die in Abständen von ca. 1 m mit speziellen Firstleitungshaltern zu befestigen ist (Bild 2.1.3). An den Dachfirstenden sollten die Enden der Fangleitung entsprechend der DIN 48 803 auf eine

*Bild 2.1.3.*

## 2. Äußerer Blitzschutz

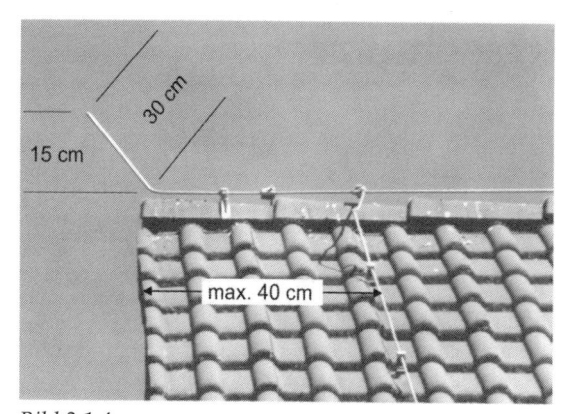

*Bild 2.1.4.*

*Bild 2.1.5.*

*Bild 2.1.6.*

Länge von 30 cm um 15 cm aufwärts gebogen werden (Bild 2.1.4). Anschließend verlegt man in einem Abstand von maximal 40 cm zur Dachkante, an der Dachschräge entlang, eine Fangleitung, die oben an die Firstleitung und unten in der Regel an die metallene Dachrinne anzuschließen ist (Bild 2.1.5). Zur Montage der Dachleitungshalter hebt man den Dachziegel etwas an und schiebt einen für die Dachziegel und die Dachlattung geeigneten Dachleitungshalter darunter, der normalerweise nur durch bloßes Einhängen an der Dachlatte befestigt wird (Bild 2.1.6). In Gebieten mit hoher Schneelast (Bild 2.1.7) ist bei der Montage der Fangeinrichtung auf einem Sattel- oder Walmdach zu beachten, dass keine PVC-Dachleitungshalter, sondern nur stabile Dachleitungshalter aus Metall zum Einsatz kommen.

Eine Dachrinne aus Metall ersetzt in ihrem Verlauf die Fangleitung, Voraussetzung dafür ist, dass die Dachrinne entsprechend den Anforderungen an Verbindungen und elektrisch leitend durchverbunden ist. Bei Dachrinnen aus PVC bzw. aus isolierenden Werkstoffen ist einige Zentimeter oberhalb der Dachrinne, parallel zu ihr, auf der Dachfläche eine Fangleitung zu verlegen.

Ein Blechdach kann nach DIN VDE 0185 Teil 1 als Fangeinrichtung für den Äußeren Blitzschutz verwendet werden, unter der Voraussetzung, dass es entsprechend den Anforderungen an Verbindungen elektrisch leitend durch-

## 2.1 Fangeinrichtung

**Schneelastzonen in Deutschland**

- Schneezone 1
- Schneezone 2
- Schneezone 3
- Schneezone 4

Quelle: DIN 1055 Teil 5 A1

*Bild 2.1.7.*

verbunden ist und das Blech, entsprechend dem Werkstoff, folgende Mindestdicke besitzt: Stahlblech 0,5 mm / Blei 2 mm / Zink 0,7 mm / Aluminium 0,5 mm.

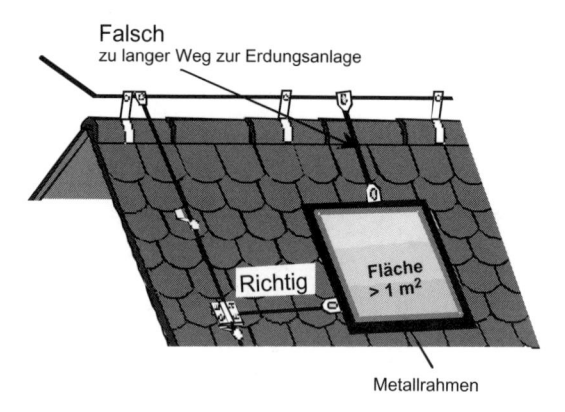

## 2. Äußerer Blitzschutz

Bild 2.1.8.

Bild 2.1.9.
Bild 2.1.10.

Im Regelfall sind alle Dachaufbauten aus Metall, die sich im Näherungsbereich (siehe auch Kapitel 2.3) der Fangeinrichtung befinden oder nicht weiter als 0,5 m von ihr entfernt sind, auf kurzem Weg anzuschließen. Wichtig ist, dass nicht nur ein kurzer Leitungsweg von der Fangeinrichtung zum Dachaufbau eingehalten wird, sondern ein Leitungsweg zum Dachaufbau gewählt wird, der zugleich einen kurzen Weg zur Erdungsanlage bildet. Dabei ist aus optischen Gründen eine rechtwinkelige Verlegung, bzw. eine senkrechte, waagrechte oder parallel zu den Dachkanten verlaufende Leitungsführung für die Fangleitung einzuhalten. Ein Dachaufbau aus Metall, der nicht im Näherungsbereich der Fangleitung liegt, muss mit der Fangeinrichtung bzw. Fangleitung verbunden werden, wenn seine Fläche größer ist als ein Quadratmeter. Das gilt auch für ein Dachfenster, dessen Metallfensterrahmen eine größere Fläche als einen Quadratmeter umschließt (Bild 2.1.8 und 2.1.9). Außerdem sind Dachaufbauten aus Metall, die länger als einen Meter sind, wie z.B. ein Schneefanggitter, mit der Fangleitung bzw. mit der Dachrinne zu verbinden (Bild 2.1.10). Darüber hinaus ist ein Dachaufbau aus Metall an die Fangeinrichtung anzuschließen, wenn der Dachaufbau die Dachfläche mehr als 30 cm überragt.

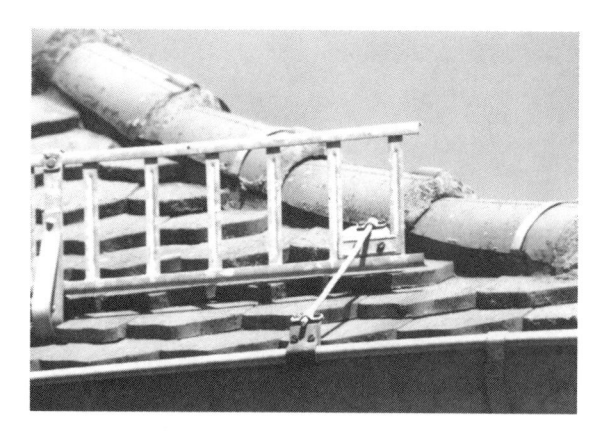

## 2.1 Fangeinrichtung

Dachaufbauten aus elektrisch nicht leitendem Material, wie z.b. Entlüftungsrohre aus PVC, sind mit einer Fangstange oder Fangspitze zu versehen, wenn sie nicht weiter als 0,5 m von der Fangeinrichtung entfernt sind oder die Dachfläche um mehr als 30 cm überragen. Nach DIN 48803 ist zu berücksichtigen, dass die Fangstange die Oberkante des Entlüftungsrohres um mindestens 20 cm überragt (Bild 2.1.11 und Bild 2.1.12).

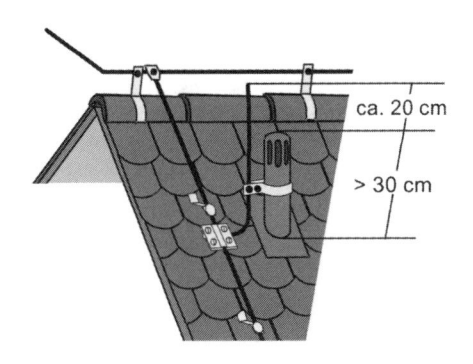

*Bild 2.1.11.*

Für den Blitzschutz eines gemauerten Kamins ist eine Fangstange zu montieren, die man nach DIN 48 803 mit zwei Stangenhaltern am Kamin befestigt. Bei der Montage der Fangstange ist zu beachten, dass sich der obere Stangenhalter ca. 20 cm unter der Oberkante des Kamins befindet. Die Fangstange sollte die höchste Stelle des Kamins um 25 cm überragen (Bild 2.1.13). Wegen der erhöhten Korrosionsgefahr im Rauchgasbereich sind Fangspitzen aus Runddraht mit nur acht oder zehn Millimeter Durchmesser nicht zulässig. Geeignet sind Fangstangen aus dem Werkstoff Kupfer oder verzinktem Stahl mit 16 mm Stangendurchmesser. Kamine stellen oft die höchste Stelle eines Gebäudes dar und sind somit prädestinierte Blitzeinschlagpunkte. Aus diesem Grund ist es besonders wichtig, dass für die Verbindungsleitung von der Fangstange am Kamin bis zur Erdungsanlage ein kurzer Weg gewählt wird.

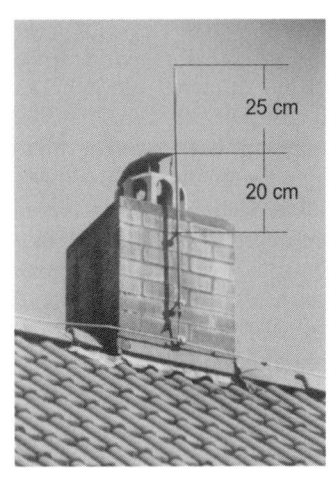

*Bild 2.1.13.*

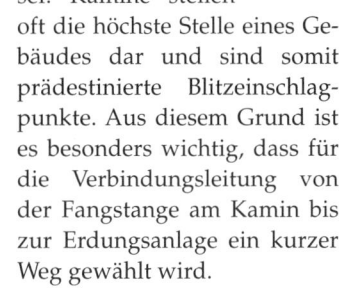

*Bild 2.1.12.*

## 2. Äußerer Blitzschutz

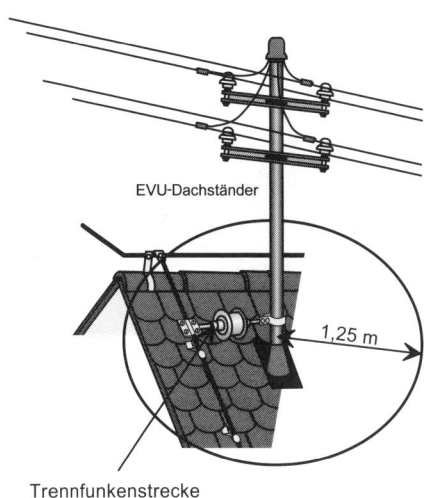

*Bild 2.1.15.*

*Bild 2.1.14.*

*Bild 2.1.16.*

Verbindung des Antennen-Standrohrs mit der Fangeinrichtung des Äußeren Blitzschutzes

Freileitungs-Dachständer dürfen im Normalfall nicht direkt mit der Fangeinrichtung des Äußeren Blitzschutzes verbunden werden. Bei der Verlegung der Fangleitungen ist zu beachten, dass ein Mindestabstand von 1,25 m zu den EVU-Dachständern eingehalten wird. Sollte dieser Abstand nicht möglich sein, so sind die Fangleitungen und Klemmstellen, die sich näher als 1,25 m am Dachständer befinden, isoliert auszuführen; ein Anschluss des Freileitungs-Dachständers über eine Trennfunkenstrecke (Bild 2.1.14) oder über eine Schutzfunkenstrecke (Bild 2.1.15) kann mit Zustimmung des zuständigen EVUs realisiert werden.

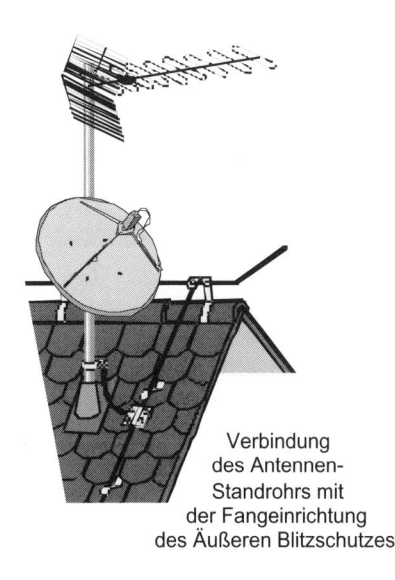

Beim Vorhandensein einer Blitzschutzanlage ist ein Antennenstandrohr direkt und auf kurzem Weg mit der Fangeinrichtung des Äußeren Blitzschutzes zu verbinden (Bild 2.1.16). Eine zusätzliche Erdungsleitung vom Antennenstandrohr zu der Hauptpotentialausgleichsschiene ist durch den Anschluss des Antennenstandrohres an den Äußeren Blitzschutz nicht mehr erforderlich. Um zu verhindern, dass zu hohe Blitzteilströme durch das Gebäude fließen, sind zusätzliche Erdungsleiter, die im Inneren des Gebäudes vom Antennenstandrohr zur Hauptpotentialausgleichs-

## 2.1 Fangeinrichtung

schiene verlegt sind, zu entfernen. Bei Wohngebäuden mit Flach- oder Satteldach kommt im Allgemeinen das maschenförmige Fangnetz zur Anwendung. Darüber hinaus besteht nach DIN VDE 0185 Teil 1 die Möglichkeit, ein Gebäude mit nur einer Fangstange zu schützen. Der Fangstange wird ein kegelförmiger Schutzraum mit einem Schutzwinkel von 45° zugeordnet. Zu beachten ist, dass nach DIN VDE 0185 Teil 1 die Schutzraumtheorie nur bis zu einer Fangstangenhöhe von max. 20 m anwendbar ist. Gebäude oder Objekte, die sich innerhalb des Schutzraumes befinden, sind gemäß dieser Norm vor direkten Blitzeinschlägen geschützt (Bild. 2.1.17).

*Bild 2.1.17.*

Ein vorhandenes Antennenstandrohr, das auf dem Dach eines Gebäudes angebracht ist, kann als Fangeinrichtung bzw. als Fangstange für den Blitzschutz verwendet werden, wenn der Schutzbereich ausreichend ist. Als Schutzbereich gilt auch hier nach DIN VDE 0185 Teil 1 der kegelförmige Raum, der sich durch den Schutzwinkel 45° ergibt (Bild 2.1.18). Es ist zu beachten, dass sich das gesamte Gebäude im Schutzraum befindet und kein Teil des Gebäudes den Schutzraum überragt.

*Bild 2.1.18.*

Nach VDE V 0185 Teil 100 sind für die Zuordnung des Schutzwinkels zu einer Fangstange die Schutzklasse und die Höhe der Fangstange maßgebend. Die Schutzklasse eins lässt bis zu 20 m Fangstangenhöhe einen

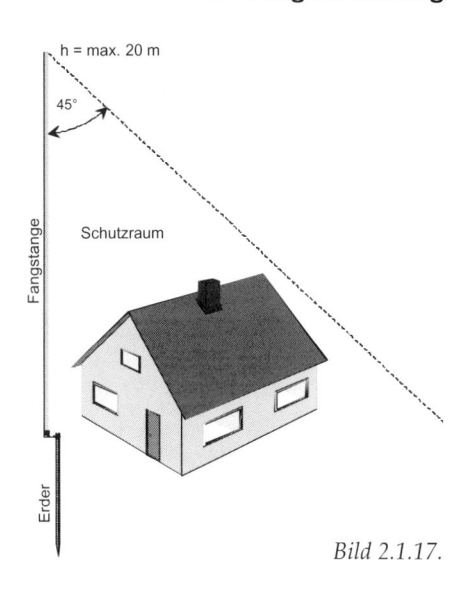

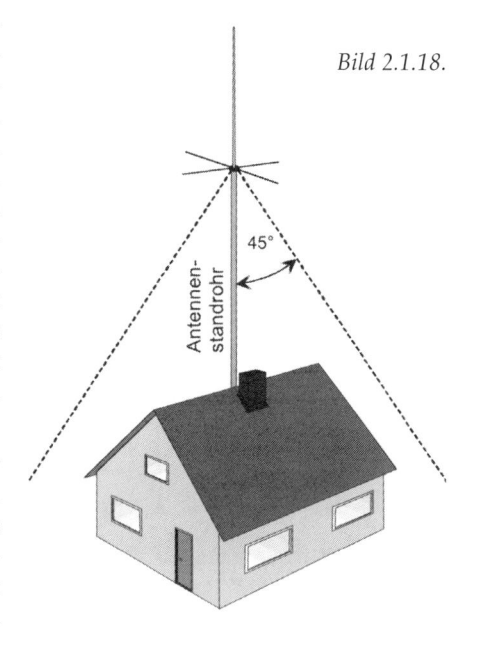

## 2. Äußerer Blitzschutz

*Bild 2.1.19.*

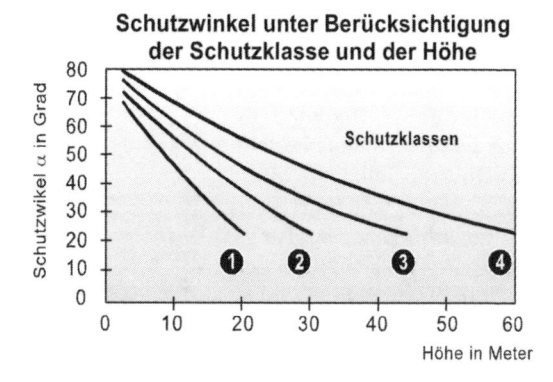

**Schutzwinkel unter Berücksichtigung der Schutzklasse und der Höhe**

(Diagramm: Schutzwinkel α in Grad (0–80) über Höhe in Meter (0–60), vier Kurven für Schutzklassen ❶ ❷ ❸ ❹)

Schutzwinkel von 25° zu. Höhere Fangstangen berücksichtigt diese Schutzklasse nicht. Die Blitzschutzklasse vier stellt die geringsten Anforderungen an den Blitzschutz einer baulichen Anlage. Bei der Blitzschutzklasse vier kann z.b. einer 60 m hohen Fangstange ein Schutzwinkel von 25° zugeordnet werden (Bild 2.1.19). Der Blitzschutz für bauliche Anlagen, die höher sind als 60 m, wie Fernmeldetürme, Hochhäuser, Industrieschornsteine usw., wird von der VDE V 0185 Teil 100 nicht berücksichtigt.

Für ein Gebäude mit komplizierten geometrischen Bauformen ist das Blitzkugelverfahren eine geeignete theoretische Methode, um die Anordnung der Fangleitungen festzulegen. Für dieses Verfahren wird ein maßstabgetreues Modell des zu schützenden Gebäudes benötigt, das mit einer Blitzkugel, deren Radius mit dem Maßstab des Modells und der gewählten Schutzklasse übereinstimmt. Das Modell ist mit der Blitzkugel aus allen Richtungen zu überrollen. Für Gebäudeteile, die beim Überrollen von der Blitzkugel be-

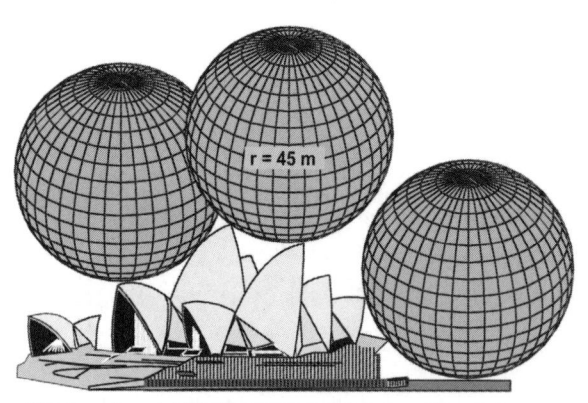

**Blitzkugel nach VDE V 0185 Teil 100 Schutzklasse 3**

*Bild 2.1.20.*

## 2.2 Ableitung

rührt werden, sind geeignete Fangeinrichtungen erforderlich. Das Bild 2.1.20 zeigt das Opernhaus in Sydney, Australien, das von einer maßstabsgetreuen Blitzkugel überrollt wird. Je geringer die Gefährdung eines Gebäudes ist, umso größer darf der Blitzkugelradius sein.

| Blitzschutzklasse | Blitzkugelradius |
|---|---|
| 1 | 20 m |
| 2 | 30 m |
| 3 | 45 m |
| 4 | 60 m |

Die Blitzkugel- und auch die Schutzwinkelmethode sind aus folgender Erkenntnis entstanden: Einige zehn Meter bevor der Leitblitzkopf die Fangeinrichtung eines Gebäudes erreicht, bildet sich die Enddurchschlagsstrecke. Sie startet an einem mit der Erde leitend verbundenen Teil des Gebäudes und wächst dem Leitblitzkopf entgegen. Die Länge der Enddurchschlagsstrecke ist abhängig vom Scheitelwert des Blitzstromes. Bei dieser Betrachtung stellt der Leitblitzkopf das Zentrum der Blitzkugel dar, und jeder Punkt, von dem aus der Leitblitzkopf erreicht werden kann, wird als Oberfläche der Blitzkugel angesehen.

*Bild 2.1.21.*

Das Bild 2.1.21 zeigt ein Blitzkugelmodell und die Zuordnung der Blitzkugelradien zu den Blitzschutzklassen, entsprechend der VDE V 0185 Teil 100.

## 2.2 Ableitung

Die Ableitung ist eine elektrisch leitende Verbindung zwischen Erdungsanlage und Fangeinrichtung. Die Übergangsstelle von der Fangleitung zur Ableitung bildet bei Wohngebäuden meist die Dachrinnenklemme (Bild 2.2.1). Grundsätzlich ist auch bei der Montage einer Ableitung zu beachten, dass die Leitungswege mög-

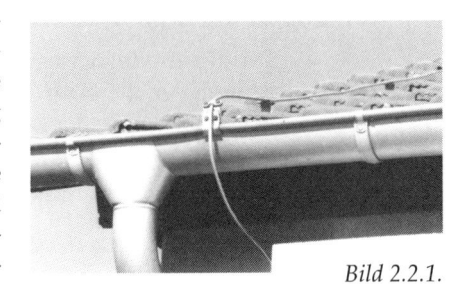

*Bild 2.2.1.*

# 2. Äußerer Blitzschutz

Bild 2.2.2.

| Erforderliche Anzahl der Ableitung nach DIN VDE 0185 Teil 1 | | | |
|---|---|---|---|
| Der Gebäudeumfang wird an der Dachaußenkante gemessen | | | |
| Anmerkung: Für Gebäude mit einer Grundfläche größer 40 x 40 m sind zusätzliche innere Ableitungen vorzusehen, od. die Anzahl der äußeren Ableitung ist zu erhöhen | Symmetrische Gebäudeform bis max. 12 m Breite | Symmetrische Gebäudeform | Unsymmetrische Gebäudeform |
| 70 bis 89 m | 4 | 4 | 4 |
| 50 bis 69 m | 2 | 4 | 3 |
| 21 bis 49 m | 2 | 2 | 2 |
| bis 20 m | 1 | 1 | 1 |

lichst kurz sind. Für ein Gebäude mit einem kleineren Umfang als 20 m ist nach DIN VDE 0185 Teil 1 bereits eine Ableitung ausreichend.

Nach der Vornorm VDE V 0185 Teil 100 sind für jedes Gebäude mindestens zwei Ableitungen nötig. Im Allgemeinen gelten nach dieser Vornorm für die Schutzklasse 1 zehn Meter als typischer Abstand zwischen zwei Ableitungen. Die Schutzklasse 2 sieht 15 m Abstand vor, und bei der Schutzklasse 3 sind 20 m Abstand zwischen den Ableitungen üblich. Für Blitzschutzanlagen, die der Schutzklasse 4 entsprechen, ist ein Abstand von 25 Metern zwischen den Ableitungen bereits ausreichend.

Für die Ermittlung der erforderlichen Anzahl von Ableitungen ist nach der alten DIN VDE 0185 Teil 1 der Umfang des Gebäudes, gemessen an der Dachaußenkante, maßgebend. Der gemessene Umfang, geteilt durch 20, ergibt die notwendige Anzahl der anzubringenden Ableitungen. Ist die ermittelte Anzahl eine ungerade Zahl, so ist die Ableitungsanzahl bei Gebäuden mit symmetrischer Bauform auf- oder abzurunden. Nur bei Gebäu-

## 2.2 Ableitung

den mit unsymmetrischer Bauform bleibt die errechnete Anzahl unverändert. Ableitungen sind möglichst in gleichmäßigen Abständen an den Gebäudeecken einzusetzen. Die tabellarische Darstellung (Bild 2.2.2) enthält die Anzahl der erforderlichen Ableitungen unter Berücksichtigung des Gebäudeumfangs und der Bauform bis zu einem Umfang von 89 Metern.

Ein Regenfallrohr aus Metall darf grundsätzlich als Ableitung verwendet werden. Voraussetzung dafür ist, dass die einzelnen Fallrohrteile nicht nur zusammengesteckt und die Anforderungen an Verbindungen (nach DIN VDE 0185 Teil 1) erfüllt sind. Das heißt, dass die Stoßstellen z.b. mit mindestens vier Blechschrauben, die einen Durchmesser von 5 mm aufweisen, verschraubt werden müssen. Bei Regenfallrohren aus Kupfer ist es ausreichend, wenn die Stoßstellen weich verlötet sind.

Auch wenn die Verwendung des Regenfallrohres als Ableitung zulässig ist, ist die Verlegung einer Ableitung parallel zum Regenfallrohr sicherer. Die Ableitungen sind dann in einem Abstand von ca. 20 cm zu den Gebäudeecken zu verlegen und in gleichmäßigen Abständen von ca. 80 bis 100 cm mit geeigneten Wandleitungshaltern zu befestigen (Bild 2.2.3).

Darüber hinaus ist es VDE-konform, die Ableitung mit speziellen Regenrohrschellen direkt am Regenfallrohr anzubringen (Bild 2.2.4). Zu beachten ist, dass die Befestigung der Ableitung am Fallrohr nicht als Fallrohranschluss gilt. Für den Anschluss der Ableitung an das Regefallrohr ist grundsätzlich eine geeignete Anschlussklemme (Bild 2.2.5) etwa 30 cm oberhalb der Trennstelle zu montieren. Ableitungen sollten zu Fenstern, Türen und sonstigen Öffnungen im Gebäude einen Mindestabstand von 50 cm aufweisen. Kann dieser Abstand zu Gebäudeöffnungen aus Metall oder mit Metallrahmen

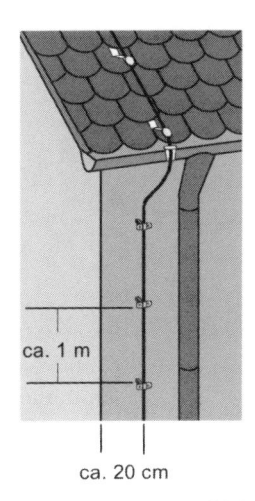

*Bild 2.2.3.*

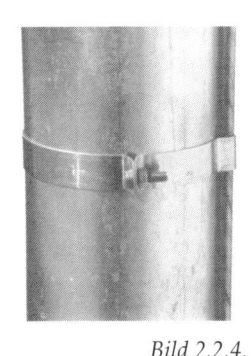

*Bild 2.2.4.*

*Bild 2.2.5.*

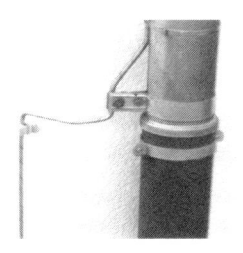

## 2. Äußerer Blitzschutz

*Bild 2.2.6.*

nicht eingehalten werden, so ist ein Anschluss an die Ableitung vorzunehmen (Bild 2.2.6).

Ableitungen dürfen auf Putz und unter Putz verlegt werden. Ein geeigneter Werkstoff für die Auf-Putz-Verlegung ist z.B. blanker Kupferdraht mit 8 mm Durchmesser oder blanker Aluminiumdraht mit 10 mm Durchmesser. Für die Unter-Putz-Verlegung sollten wegen der Korrosionsgefahr PVC-isolierte Kupfer- oder Aluminiumdrähte verwendet werden. Die Verbindung von einer auf Putz verlegten Ableitung zur Erdungsanlage wird über eine Trennklemme und eine Erdeinführungsstange hergestellt (Bild 2.2.7). Die Trennklemme ist für Prüfzwecke erforderlich und sollte in einer Höhe zwischen 30 cm und 150 cm oberhalb der Geländeoberfläche angebracht werden. Wegen der Korrosionsgefahr an der Übergangsstelle zum Erdreich und wegen der Gefahr einer mechanischen Beschädigung im unteren Bereich sind Erdeinführungsstangen aus Kupfer oder verzinktem Stahl mit mindestens 16 mm Durchmesser zu verwenden. Für den Zusammenschluss einer Ableitung aus Kupfer und einer Erdeinführung aus Stahl ist aus Korrosionsschutzgründen die Anwendung einer Zweimetall-Trennklemme zweckmäßig (Bild 2.2.8). Die Erdeinführungsstange

*Bild 2.2.7.*

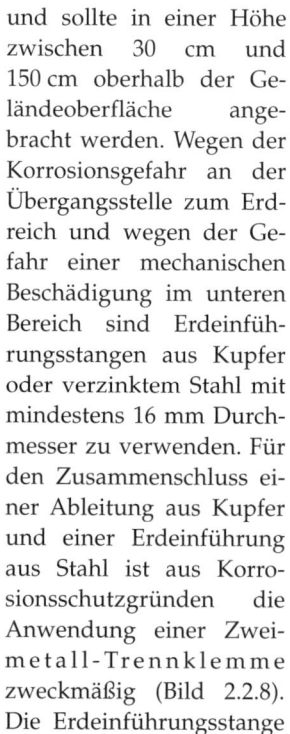

*Bild 2.2.8.*

## 2.2 Ableitung

sollte etwa 0,5 m tief ins Erdreich ragen. Wegen der Korrosionsgefahr, die an der Übergangsstelle zum Erdreich besonders groß ist, sollte die Erdeinführungsstange 30 cm innerhalb und 30 cm außerhalb des Erdreiches durchgehend PVC-isoliert sein oder mit einer Korrosionsschutzbinde umwinkelt werden oder zumindest einen Bitumenanstrich erhalten (Bild 2.2.9).

Eine preiswerte Alternative zu Erdeinführungsstangen bieten Erdeinführungen aus Bandstahl 30 × 3,5 mm. Auch bei Erdeinführungen aus Bandstahl sind für die Verbindung zur Ableitung Trennklemmen zu verwenden, die so angebracht werden, dass sie für Prüfzwecke leicht zugänglich und problemlos zu öffnen sind (Bild 2.2.10).

*Bild 2.2.9.*

Ein Regenfallrohr aus Metall muss grundsätzlich über eine Trennklemme und Erdeinführung mit der Erdungsanlage verbunden werden, auch dann, wenn das Regenfallrohr nicht als Ableitung dient. Für verschiedene Anwendungsfälle hat sich die Verwendung von Unterflurtrennstellenkästen bewährt. Diese Kästen sind bündig mit der Geländeoberfläche in nächster Nähe der Erdeinführung zu setzen. Das Bild 2.2.11 zeigt einen Unterflur-Trennstellenkasten und eine Alternative zur Erdeinführungsstange, bestehend aus PVC-isoliertem Rundstahl mit 10 mm Durchmesser, der über eine Anschlussschelle mit dem Regenfallrohr verbunden ist.

*Bild 2.2.11.*

Gebäude mit elektrisch leitend durchverbundener Blechfassade erhalten an Stelle der Ableitung in regelmäßigen Abständen so genannte Fußpunkt-

*Bild 2.2.10.*

## 2. Äußerer Blitzschutz

*Bild 2.2.12.*

erdungen. Die Anzahl der Fußpunkterdungen sollte der in DIN VDE 0185 Teil 1 festgelegten Ableitungsanzahl entsprechen oder unter Berücksichtigung der gewählten Schutzklasse mit der VDE V 0185 Teil 100 konform gehen.

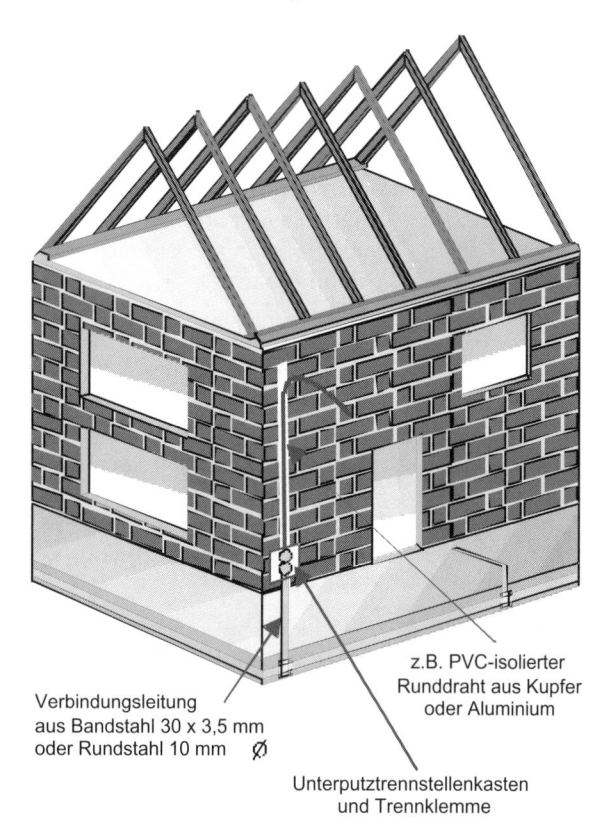

*Bild 2.2.13.*

Verbindungsleitung aus Bandstahl 30 x 3,5 mm oder Rundstahl 10 mm Ø

z.B. PVC-isolierter Runddraht aus Kupfer oder Aluminium

Unterputztrennstellenkasten und Trennklemme

## 2.3 Näherungen

Auf dem Bild 2.2.12 ist die normgerechte Fußpunkterdung der Metallfassade einer Verkaufstätte von der Firma Conrad Electronic in Wernberg zu sehen.

Wegen der Gefahr einer mechanischen Beschädigung und auch aus optischen Gründen ist die Unterputz-Verlegung der Ableitungen zu bevorzugen. Für die Unterputzmontage geeignete Trennstellenkästen sind im Handel in verschiedenen Größen erhältlich.

Die Verbindungsleitungen von der Trennstelle zur Erdungsanlage sollte nicht im Erdreich, sondern auch unter Putz oder im Mauerwerk hochgeführt werden. Für diese Verbindung ist verzinkter Rundstahl mit 10 mm Durchmesser oder Bandstahl 30 × 3,5 mm geeignet und zulässig (Bild 2.2.13). Es spricht nichts dagegen, wenn verzinkte und PVC-isolierte Leitungen mit den gleichen Abmessungen zum Einsatz kommen. Durch die PVC-Isolierung ist ein zusätzlicher und besserer Korrosionsschutz vorhanden.

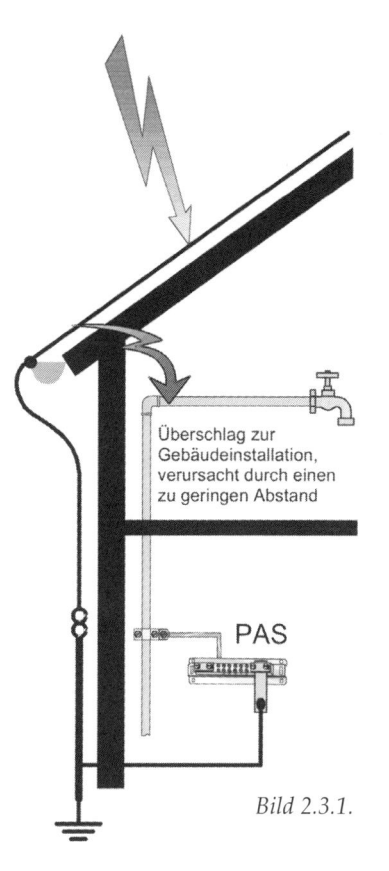

*Bild 2.3.1.*

## 2.3 Näherungen

Um gefährliche Überschläge bzw. Lichtbögen (Bild 2.3.1) und die damit verbundene Einkoppelung von Blitzströmen, in das zu schützende Gebäude sowie einen Brand zu vermeiden, ist ein Abstand von der Fangeinrichtung und von den Ableitungen des Äußeren Blitzschutzes zu Gebäudeinstallationen aus Metall und den elektrischen Leitungen einzuhalten.

Experten wissen, dass die Anwendung der in VDE 0185 Teil 1 vorgegebenen Berechnungsmethode zu falschen Ergebnissen führt. Der Grund dafür ist, dass die Mitglieder des Normungsausschusses damals davon ausgingen, dass im Beeinflussungsfall der Blitzstrom, gleichmäßig auf die vorhandenen Ableitungen aufgeteilt, ins Erdreich fließt. Heute ist erwiesen, dass sich

# 2. Äußerer Blitzschutz

## Berechnung des Sicherheitsabstandes (s) nach VDE V 0185 Teil 100

$$s = k_i \, \frac{k_c}{k_m} \, l \, (m)$$

Werte für den Faktor $k_m$

| | |
|---|---|
| $k_m$ | Feststoff = 0,5 |
| $k_m$ | Luft = 1 |

Werte für den Faktor $k_i$

| | |
|---|---|
| $k_i$ | Blitzschutzklasse 1 = 0,1 |
| $k_i$ | Blitzschutzklasse 2 = 0,075 |
| $k_i$ | Blitzschutzklasse 3 u. 4 = 0,05 |

Berechnung des Wertes $k_c$ bei einem Fangleitungsnetz und einer Typ-B-Erdungsanlage

$$k_c = \frac{c + f}{2c + f}$$

c = Abstand von der Fangleitung zur Ebene des Potentialausgleiches
f = Länge der Fangleitung

Berechnung des Faktors $k_c$ bei einem vermaschten Fangleitungsnetz und einer Typ-B-Erdungsanlage

$$k_c = \frac{1}{2n} + 0{,}1 + 0{,}2 \times \sqrt[3]{\frac{c}{h}}$$

n = Gesamtzahl der Ableitungen
c = Abstand von der nächsten Ableitung
h = Höhe oder Abstand der Ringleitung
l = Kürzester Abstand von der Näherungsstelle bis zur nächsten Blitzschutz-Potentialausgleichs-Ebene

*Bild 2.3.2.*

der hochfrequente Blitzstrom auf die Ableitungen konzentriert, die sich in der Nähe des Einschlagpunktes befinden. Falsch ist auch die Annahme, dass ein fester Stoff zwischen den Leitungen des Äußeren Blitzschutzes und der Gebäudeinstallation besser isoliert als Luft. Prüfungen bescheinigen heute der Luft im Vergleich zu den üblichen Baustoffen eine wesentlich höhere Isolationsfestigkeit.

Diese Erkenntnisse berücksichtigt die Näherungsformel der VDE V 0185 Teil 100 mit einem Berechnungsverfahren, das im Allgemeinen für den Praktiker und Planer zwar etwas umständlicher, dafür aber richtiger ist. Vor allem die Berechnungen für Gebäude mit einer komplizierten und unsymmetrischen Bauform sind relativ aufwendig geworden, so dass die Planung mehr Zeit beansprucht.

Die neue Formel zur Berechnung des erforderlichen Abstandes zeigt das Bild 2.3.2.

## 2.3 Näherungen

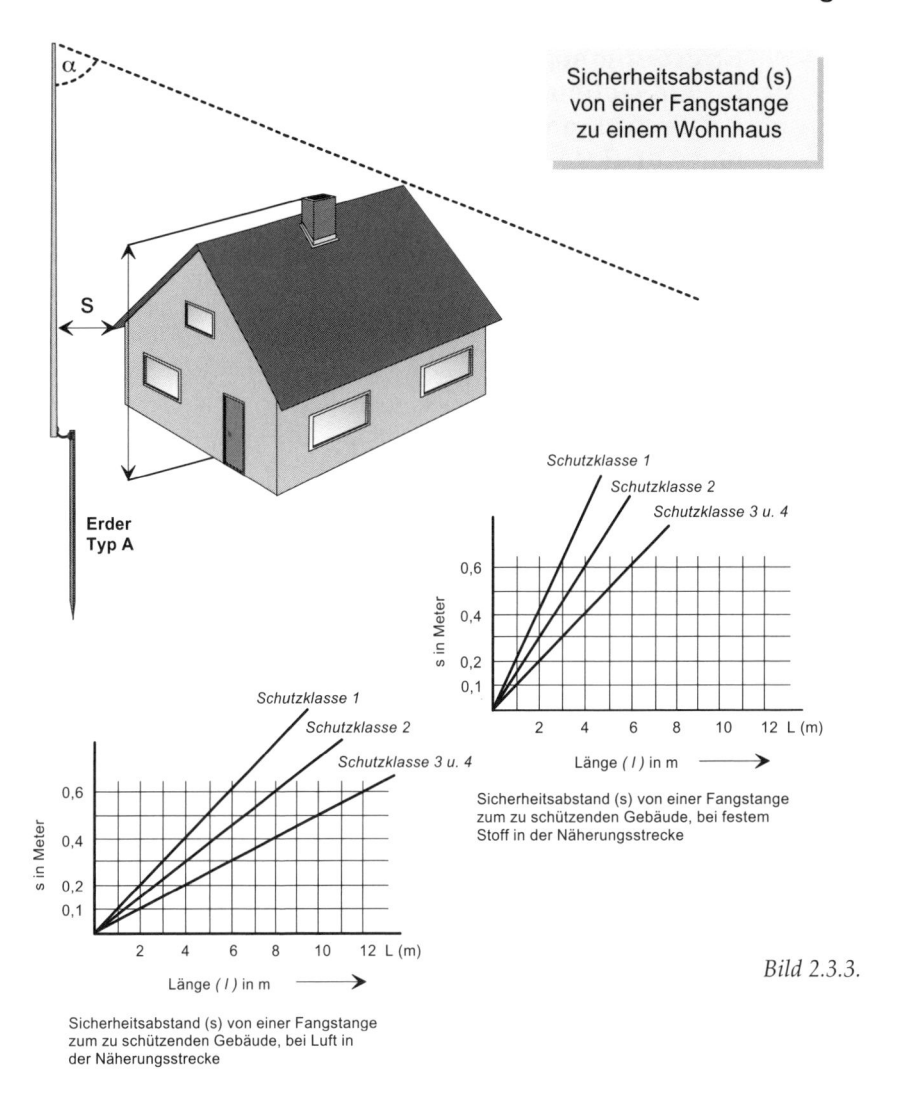

Sicherheitsabstand (s) von einer Fangstange zu einem Wohnhaus

Erder Typ A

Sicherheitsabstand (s) von einer Fangstange zum zu schützenden Gebäude, bei festem Stoff in der Näherungsstrecke

Sicherheitsabstand (s) von einer Fangstange zum zu schützenden Gebäude, bei Luft in der Näherungsstrecke

*Bild 2.3.3.*

Unproblematisch und einfach ist nach wie vor die Bestimmung des Sicherheitsabstandes, wenn nur eine Fangstange und ein Typ A Erder vorhanden sind. Der einzuhaltende Abstand von einer Fangstange zu einem Wohnhaus ist auf dem Diagramm in Bild 2.3.3 zu sehen.

## 2. Äußerer Blitzschutz

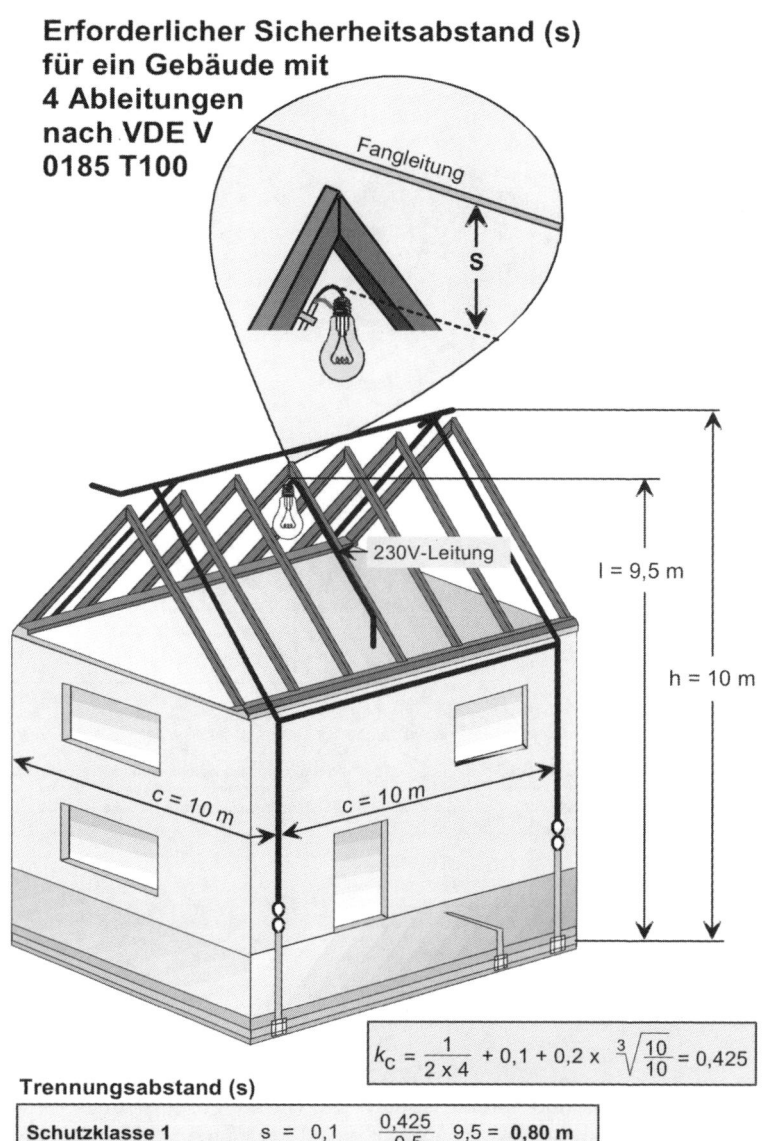

**Erforderlicher Sicherheitsabstand (s) für ein Gebäude mit 4 Ableitungen nach VDE V 0185 T100**

$l = 9{,}5$ m
$h = 10$ m
$c = 10$ m

$$k_C = \frac{1}{2 \times 4} + 0{,}1 + 0{,}2 \times \sqrt[3]{\frac{10}{10}} = 0{,}425$$

**Trennungsabstand (s)**

| | | | |
|---|---|---|---|
| Schutzklasse 1 | $s = 0{,}1$ | $\frac{0{,}425}{0{,}5}$ 9,5 = | **0,80 m** |
| Schutzklasse 2 | $s = 0{,}075$ | $\frac{0{,}425}{0{,}5}$ 9,5 = | **0,60 m** |
| Schutzklasse 3 und 4 | $s = 0{,}05$ | $\frac{0{,}425}{0{,}5}$ 9,5 = | **0,40 m** |

Bild 2.3.4.

## 2.3 Näherungen

## Sicherheitsabstand (s) für ein Gebäude mit Flachdach und acht Ableitungen

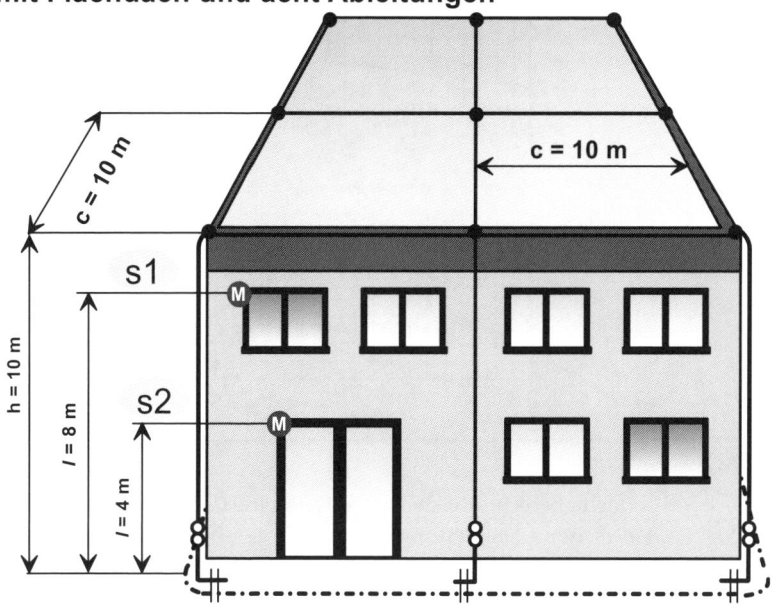

Faktor $k_C$ bei einem vermaschten Fangleitungsnetz und Typ B Erdung

$$k_C = \frac{1}{2 \times 8} + 0{,}1 + 0{,}2 \times \sqrt[3]{\frac{10}{10}} = 0{,}36$$

### Sicherheitsabstand s1

| | | | | |
|---|---|---|---|---|
| Schutzklasse 1 | s = | 0,1 | $\frac{0{,}360}{0{,}5}$ 8,0 = | **0,58 m** |
| Schutzklasse 2 | s = | 0,075 | $\frac{0{,}360}{0{,}5}$ 8,0 = | **0,43 m** |
| Schutzklasse 3 und 4 | s = | 0,05 | $\frac{0{,}360}{0{,}5}$ 8,0 = | **0,29 m** |

### Sicherheitsabstand s2

| | | | | |
|---|---|---|---|---|
| Schutzklasse 1 | s = | 0,1 | $\frac{0{,}360}{0{,}5}$ 4,0 = | **0,28 m** |
| Schutzklasse 2 | s = | 0,075 | $\frac{0{,}360}{0{,}5}$ 4,0 = | **0,22 m** |
| Schutzklasse 3 und 4 | s = | 0,05 | $\frac{0{,}360}{0{,}5}$ 4,0 = | **0,15 m** |

*Bild 2.3.5.*

## 2. Äußerer Blitzschutz

*Bild 2.3.6.*

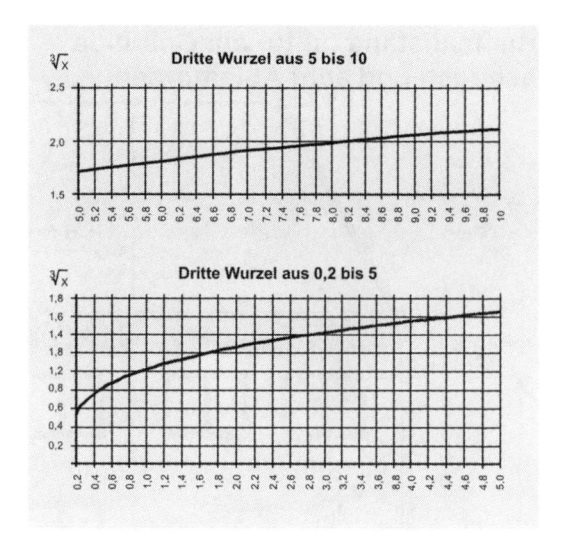

Einfache Berechnungsbeispiele für kleine Gebäude, in schlichter Bauform mit Fangleitungen, sind auf den Bildern 2.3.4 und 2.3.5 dargestellt. Eine Hilfestellung für die Ermittlung der dritten Wurzel bieten die Diagramme in Bild 2.3.6.

Leider zeigt die Praxis, dass die erforderlichen Sicherheitsabstände bei den meisten Anlagen nicht eingehalten sind, obwohl das die Grundvoraussetzung für einen wirkungsvollen und funktionierenden Äußeren Blitzschutz ist. Die Nichteinhaltung der geforderten Sicherheitsabstände bewirkt, dass der Äußere Blitzschutz schwere mechanische Schäden am Gebäude und die Entstehung eines Feuers, nach einem direkten Blitzeinschlag, meistens nicht verhindern kann. Nachfolgende Bilder zeigen typische Beispiele für viel zu geringe Abstände von den Leitungen des Äußeren Blitzschutz zu Gebäudeinstallationen, wie sie an sehr vielen Gebäuden mit einem Äußeren Blitzschutz zu sehen sind.

## 2.3 Näherungen

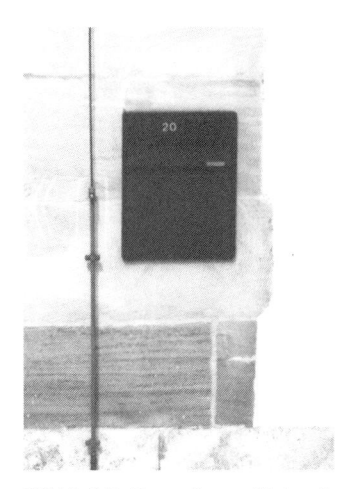

Bild 2.3.7: Zu geringer Abstand von einer Ableitung zu der Türsprechanlage, die an der Außenwand eines Gebäudes angebracht ist.

Bild 2.3.8: Zu geringer Abstand von einem Regenfallrohr, das als Ableitung für den Äußeren Blitzschutz verwendet wird, zu einer Video-Überwachungskamera.

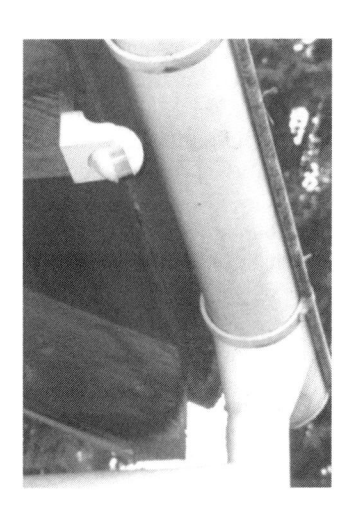

Bild 2.3.9: Zu geringer Abstand von einer Dachrinne, die zu der Fangeinrichtung einer Äußeren Blitzschutzanlage gehört, zu einem Bewegungsschalter.

Bild 2.3.10: Zu geringer Abstand von einer Ableitung zu einem Halogenscheinwerfer der Außenbeleuchtung.

## 2. Äußerer Blitzschutz

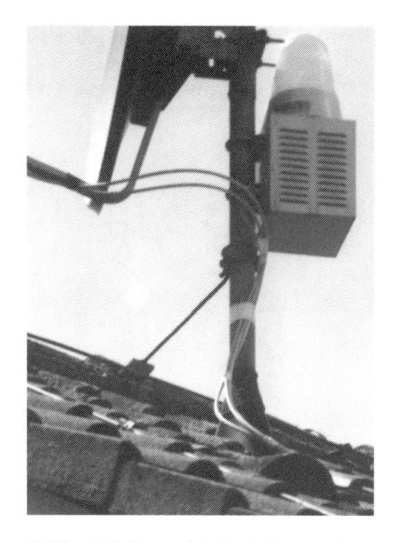

*Bilder 2.3.11 und 2.3.12: Zu geringer Abstand zu den Signalgebern einer Alarmanlage.*

*Bild 2.3.13.*

Bei der Errichtung eines Dachstuhls wird durch die Montage der metallenen Verstrebungen an den Dachsparren (Bild 2.3.13 bis 2.3.15) die Einhaltung der Sicherheitsabstände fast unmöglich. Aus diesem Grund ist es sehr wichtig, bereits bei der Planung des Dachstuhls geeignete Alternativen für diese Metallbänder vorzusehen, um später für die Installation bzw. den Ausbau des Dachgeschosses die Einhaltung der geforderten Näherungsabstände zu ermöglichen.

*Bild 2.3.15.*

## 2.4 Erdungsanlage

Bild 2.3.14.

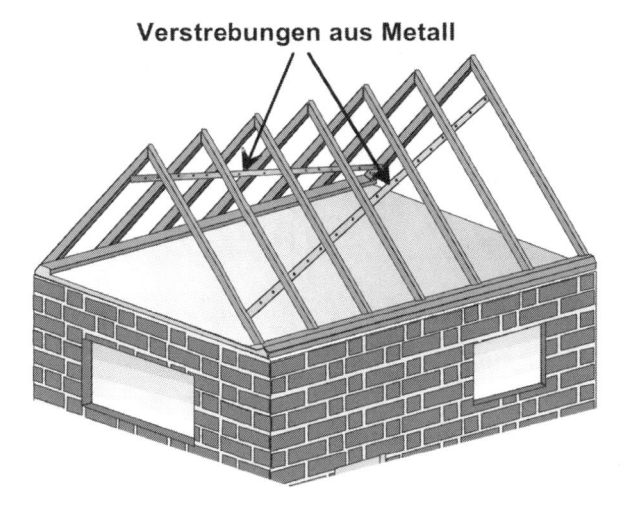

Verstrebungen aus Metall

## 2.4 Erdungsanlage

Bild 2.4.1.

Für Neuanlagen ist die Montage eines Fundamenterders nach DIN 18014 gefordert. Der Fundamenterder ist für die elektrische Anlage erforderlich und sollte zugleich als Erder für den Blitzschutz verwendet werden. Der Fundamenterder ist, wie der Name schon sagt, im Betonfundament des Gebäudes oder in der Bodenplatte eingebracht (Bild 2.4.1) und steht dadurch großflächig mit dem Erdreich in Verbindung. Ein Fundamenterder ist stets als geschlossener Ring auszuführen und in regelmäßigen Abständen mit dem Betonstahl zu verbinden (Bild 2.4.2). Zu beachten ist, dass der Fundamenterder allseitig von einigen Zentimetern Beton umgeben ist und kein Teil des Erders aus dem Beton

Bild 2.4.2.

## 2. Äußerer Blitzschutz

*Bild 2.4.3.*

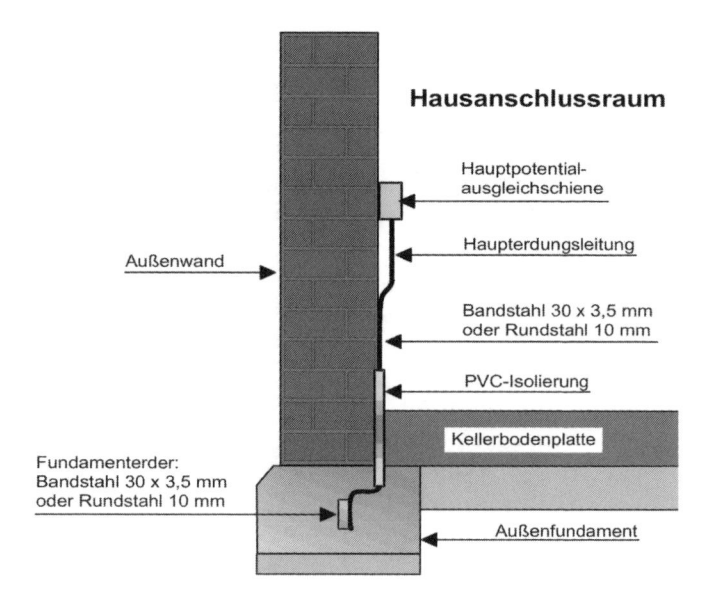

herausragt. Teile des Fundamenterders können mit geeigneten Klemmen oder durch Schweißen zusammengeschlossen werden.

Grundsätzlich muss der Fundamenterder eine Anschlussfahne erhalten, die nach DIN 18012 im Hausanschlussraum, in der Nähe des Hausanschlusskastens endet (Bild 2.4.3). Diese Anschlussfahne dient als Haupterdungsleitung. Sie ist das Verbindungsstück zwischen der Hauptpotentialausgleichsschiene und dem Fundamenterder. Für die Verwendung eines Fundamenterders als Blitzschutzerder sind zusätzliche Anschlussfahnen vorzusehen (Bild 2.4.4), die so anzuordnen sind, dass eine ordnungsgemäße Verbindung zu den Ableitungen des Äußeren Blitzschutzes möglich ist. Zu beachten ist, dass im Bereich der Ein- oder Austrittsstellen die Anschlussfahnen PVC-ummantelt sind oder zumindest einen Bitumenanstrich als Korrosionschutz erhalten. Nur in Ausnahmefällen ist es zulässig, als Alternative zum Fundamenterder eine äußere Ringerdungsleitung oder ein Vertikalerdersystem (Tiefenerder) für den Blitzschutz eines Wohnhauses zu verwenden. Als Ausnahmefall gilt z.b. ein Gebäude, bei dem nachträglich eine Blitzschutz-Anlage installiert werden soll und ein Anschluss der Ableitun-

## 2.4 Erdungsanlage

*Bild 2.4.4.*

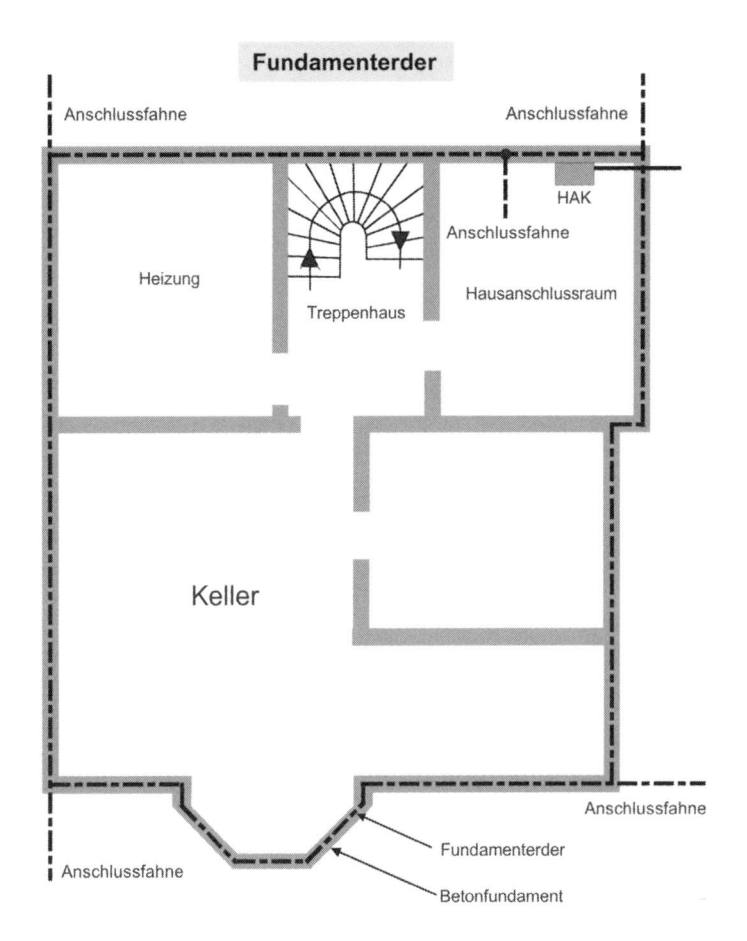

gen an den Fundamenterder nicht mehr möglich ist, weil die Errichter des Fundamenterders nur eine Anschlussfahne zum Zwecke des Hauptpotentialausgleichs angebracht haben.

Erfahrungswerte bestätigen, dass der Erdausbreitungswiderstand eines Fundamenterders für ein Einfamilienhaus in der Regel zwischen 5 bis 15 Ohm liegt. Bei Gebäuden mit einer wesentlich größeren, vom Fundamenterder umschlossenen Fläche beträgt der Erdausbreitungswiderstand meist weniger als ein Ohm. Einen Ausnahmefall bilden hier z.B. Gebäude, die allseitig vom Erdreich durch eine wasserundurchlässige Schicht isoliert

## 2. Äußerer Blitzschutz

*Maximaler Widerstand der elektrischen Anlagenerde im TT-System*

$$R_A \leq \frac{U_L}{I_{\Delta N}}$$

$R_A$   maximal zulässiger Erdungswiderstand
$I_{\Delta N}$   Nennfehlerstrom des FI-Schutzschalters
$U_L$   maximal dauernd zulässige Berührungsspannung

| Nennfehlerstrom des FI-Schalters | 0,010 A | 0,030 A | 0,100 A | 0,300 A | 0,500 A |
|---|---|---|---|---|---|
| maximaler Erdungswiderstand bei $U_L$ = 50 V | 5000 Ω | 1666 Ω | 500 Ω | 166 Ω | 100 Ω |
| maximaler Erdungswiderstand bei $U_L$ = 25 V | 2500 Ω | 833 Ω | 250 Ω | 83 Ω | 50 Ω |
| maximaler Erdungswiderstand nach selektiven FI-Schaltern bei $U_L$ = 50 V | | | 250 Ω | 83 Ω | 50 Ω |
| maximaler Erdungswiderstand nach selektiven FI-Schaltern bei $U_L$ = 25 V | | | 125 Ω | 41 Ω | 25 Ω |

*Bild 2.4.5.*   sind. Um den geforderten Erdungswiderstand zu erreichen und den Anforderungen der Blitzschutznormen gerecht zu werden, kann ein Fundamenterder, den z.B. eine so genannte schwarze Wanne oder eine Perimeter-Dämmung vom Erdreich isoliert, mit einem im Erdreich verlegten Erder kombiniert und verbunden werden. Die Einhaltung eines bestimmten Erdausbreitungswiderstandes für einen Blitzschutzerder ist nach DIN VDE 0185 Teil 1 nicht gefordert, wenn Hauptpotentialausgleich und Blitzschutz-Potentialausgleich konsequent durchgeführt sind.

Dient der Blitzschutzerder zugleich als Erder für eine Niederspannungs-Verbraucheranlage, die als TT-System ausgeführt ist, muss er den für das TT-System geforderten Erdungswiderstand aufweisen (Bild 2.4.5), der von der maximal zulässigen

## 2.4 Erdungsanlage

Berührungsspannung und dem Nennfehlerstrom der verwendeten Fehlerstom-Schutzeinrichtung (RCD) abhängig ist. Bei mehreren in der elektrischen Anlage installierten Fehlerstom-Schutzeinrichtungen ist diejenige mit dem höchsten Nennfehlerstrom für den einzuhaltenden Erdungswiderstand maßgebend. Weitere und sehr ausführliche Informationen über die Erdung von Starkstromanlagen und der Beschaffenheit der verschiedenen Netzsysteme enthält das Buch „Elektroinstallation, Planung und Ausführung" (ISBN 3-89576-036-6), herausgegeben vom Elektor-Verlag, Aachen.

Ein nach DIN VDE 0185 Teil 1 zulässiger Blitzschutzerder muss unabhängig vom Erdungswiderstand z.b. folgende Bedingungen erfüllen:

- Fundamenterder nach DIN 18014: Ausführung als geschlossener Ring aus verzinktem Bandstahl 30 × 3,5 mm oder aus verzinktem Rundstahl mit 10 mm Durchmesser.

- Ringerder (Oberflächenerder): Ausführung als außen um das Gebäude verlegter und geschlossener Ring aus Kupferdraht mit 8 mm Durchmesser oder aus verzinktem Rundstahl mit 10 mm Durchmesser, der im Abstand von ca. 1 m zum Gebäude mindestens 0,5 m tief ins Erdreich einzubringen ist.

- Strahlenerder (Oberflächenerder): Ausführung als Stichleitung, aus Kupferdraht mit 8 mm Durchmesser oder verzinktem Rundstahl mit 10 mm Durchmesser, die auf eine Länge von 20 m mindestens 0,5 m tief ins Erdreich einzubringen ist.

- Tiefenerder (Vertikalerder): Ausführung als runder Staberder aus verzinktem Stahl mit 20 mm Durchmesser, der im Abstand von ca. 1 m zur Außenkante des Gebäudes mindestens 9 m tief ins Erdreich einzutreiben ist.

Strahlen- und Tiefenerder, die nicht in Kombination mit einem geschlossenen Ringerder eingesetzt werden, gelten als Einzelerder. Grundsätzlich ist für jede Ableitung des Äußeren Blitzschutzes ein eigener Einzelerder vorzusehen.

Anmerkung:

Wegen der großen Korrosionsgefahr ist die Verwendung von Aluminium im Erdreich oder in Beton nicht zulässig.

## 2. Äußerer Blitzschutz

Ein zusätzlich zum Fundamenterder ins Erdreich eingebrachter Ring-, Strahlen- oder Vertikalerder aus Kupfer darf direkt an die Hauptpotentialausgleichsschiene angeschlossen werden (Bild 2.4.6/1). Er verbessert durch den direkten Anschluss den Erdungswiderstand der elektrischen Anlage. Darüber hinaus ist Kupfer im Erdreich sehr korrosionsbeständig und langlebig. Die Praxis zeigt, dass an Erdern aus Kupfer, die über 30 Jahre im Erdreich lagen, meist keine gravierenden Korrosionsspuren vorhanden sind. Im Erdreich verlegte Erder aus verzinktem Stahl sind wegen der Korrosionsgefahr indirekt über eine Funkenstrecke an die Hauptpotentialausgleichsschiene anzuschließen (Bild 2.4.6/1 und 2.4.6/2). Der Grund dafür ist, dass nach einem direkten Anschluss eines Erders aus Stahl ein Korrosionsstrom vom Betonfundament zum Erder fließen würde, der den ohnehin schon sehr korrosionsgefährdeten Werkstoff noch schneller zerstören und unwirksam machen würde.

Auch wenn die Verwendung von verzinktem Stahl im Erdreich zulässig ist, sollte grundsätzlich ein Erder aus Kupfer verwendet werden, nicht zuletzt wegen der besseren Leitfähigkeit von Kupfer.

Kommen als Erder für den Blitzschutz Einzelerder zur Anwendung, wie in Bild 2.4.6/2 dargestellt, so ist es nach DIN VDE 0185 Teil 1 ausreichend, wenn nur einer dieser Erder einen Anschluss an die Hauptpotentialausgleichsschiene erhält.

Anmerkung:

Für Gebäude mit umfangreichen elektronischen Anlagen wird ein Erdungswiderstand von < 10 Ohm empfohlen.

### Blitzschutz-Erdungsanlagen nach VDE V 0185 Teil 100

Die Vornorm VDE V 0185 Teil 100 fordert, wie die alte DIN VDE 0185 Teil 1, keine Einhaltung eines bestimmten Erdungswiderstandes für eine Blitzschutz-Erdungsanlage. Es wird dennoch von beiden Normen empfohlen, einen möglichst niedrigen Erdungswiderstand anzustreben. Entgegen der DIN VDE 0185 Teil 1 wird in der VDE V 0185 Teil 100 eine gewisse Erdungsleiterlänge unter Berücksichtigung der Blitzschutzklasse und des spezifischen Bodenwiderstandes gefordert. Für die Blitzschutzklassen 3 und 4 ist zum Beispiel eine Erdungsleiterlänge von nur

## 2.4 Erdungsanlage

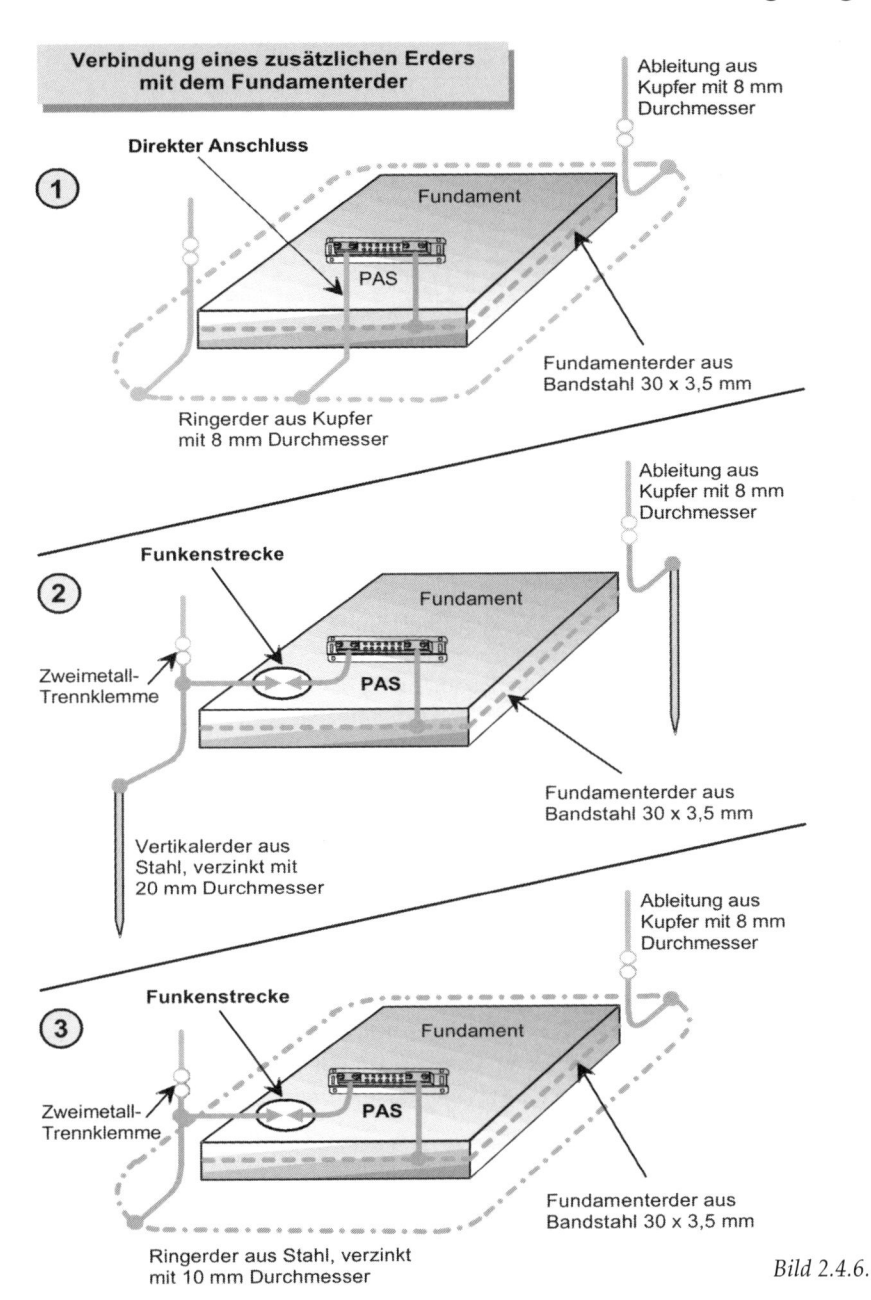

**Verbindung eines zusätzlichen Erders mit dem Fundamenterder**

**① Direkter Anschluss**

- Ableitung aus Kupfer mit 8 mm Durchmesser
- Fundament
- PAS
- Fundamenterder aus Bandstahl 30 x 3,5 mm
- Ringerder aus Kupfer mit 8 mm Durchmesser

**②**
- Funkenstrecke
- Zweimetall-Trennklemme
- Ableitung aus Kupfer mit 8 mm Durchmesser
- Fundament
- PAS
- Fundamenterder aus Bandstahl 30 x 3,5 mm
- Vertikalerder aus Stahl, verzinkt mit 20 mm Durchmesser

**③**
- Funkenstrecke
- Zweimetall-Trennklemme
- Ableitung aus Kupfer mit 8 mm Durchmesser
- Fundament
- PAS
- Fundamenterder aus Bandstahl 30 x 3,5 mm
- Ringerder aus Stahl, verzinkt mit 10 mm Durchmesser

*Bild 2.4.6.*

## 2. Äußerer Blitzschutz

*Bild 2.4.7.*

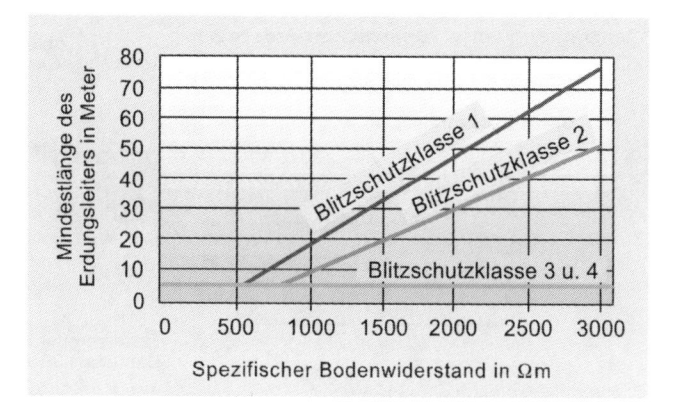

mehr 5 Metern ausreichend (Bild 2.4.7). Hinzu kommt, dass für vertikal ins Erdreich eingetriebene Erdungsleiter die halbe Länge – also 2,5 Meter – ausreichend ist. Das gilt auch für die Erdungsleiterlängen, die wir für die Blitzschutzklassen 1 und 2 ermitteln können.

Im Unterschied zu den Blitzschutzklassen 3 und 4 sind die Erdungsleiterlängen für die Blitzschutzklassen 1 und 2 vom spezifischen Bodenwiderstand abhängig. Das heißt, je höher der spezifische Bodenwiderstand ist, umso länger ist die erforderliche Erdungsleiterlänge.

Zwei unterschiedliche Erderanordnungen (Typ A oder Typ B) können zur Ausführung kommen. Die Erderanordnung Typ B ist der Normalfall, der in der Regel auch für Wohngebäude zum Einsatz kommt. Dieser Typ besteht aus einem Fundamenterder nach DIN 18014 oder einem geschlossenen Ringerder, der im Abstand von einem Meter zu den Gebäudeaußenwänden mindestens 0,5 Meter tief im Erdreich liegen soll. Darüber hinaus muss ein Typ-B-Erdungsringleiter mindestens zu 80 % erdfühlig (bzw. nicht vom Erdboden isoliert) verlegt sein. Können die 80 % nicht erreicht werden, so gilt selbst ein geschlossener Ringerder als eine Typ-A-Erderanordnung.

Anmerkung:

Für eine Typ-B-Erderanordnung muss der mittlere Radius der vom Ring- oder Fundamenterder umschlossenen Fläche mindestens der aus Bild 2.4.7 ermittelten Länge entsprechen.

Kann diese Länge nicht eingehalten werden, ist der Ring- oder Fundamenterder mit zusätzlichen Strahlenerdern zu verbinden, deren Erdungsleiterlänge mindestens der zur Einhaltung des mittleren Radius fehlenden Länge entspricht. Bei der Verwendung von Vertikalerdern als zusätzliche Erder darf die ermittelte Länge mit dem Wert 0,5 multipliziert werden. Die Erderanordnung Typ A sollte nur dann zur Ausführung kommen, wenn eine Typ-B-Erderanordnung nicht realisierbar ist. Bei der Typ-A-Erderanordnung wird jeder Ableitung ein eigener Erder zugeordnet, dessen Erdungsleiterlänge mindestens der aus Bild 2.4.7 ermittelten Länge entspricht. Auch gilt wieder, dass die halbe Länge für Vertikalerder ausreicht. Als Vertikalerder können Profilstab-, Stab-, oder Rohrerder zum Einsatz kommen, die im Abstand von ca. einem Meter zur Außenwand in das Erdreich einzuschlagen sind. Der horizontal verlegte Typ-A-Erder ist auch im Abstand von ca. einem Meter zur Gebäudeaußenwand und mindestens 0,5 Meter tief im Erdreich zu verlegen. Geeignetete Werkstoffe sind zum Beispiel blanker Kupferdraht mit 8 Millimetern Durchmesser, das entspricht einer Leiterquerschnittsfläche von 50 $mm^2$, oder verzinkter Stahldraht mit einem Durchmesser von 10 Millimetern, der eine Leiterquerschnittsfläche von 70 $mm^2$ aufweist. Die Typ-A-Erder sind entsprechend den Ableitungen so gleichmäßig wie möglich auf den Gebäudeumfang aufzuteilen.

Anmerkung:

Grundsätzlich ist die Einhaltung der Erdungsleiterlänge nicht erforderlich, wenn der Typ-A-Erder einen Erdungswiderstand < 10 Ohm erreicht.

## 2.5 Antennenerdung

Die Antennenerdung soll verhindern, dass auf dem Außenleiter der Koaxialkabel und den Metallteilen der Antennenanlage gefährliche Spannungen auftreten. Sie ist unter Berücksichtigung der DIN VDE 0855 Teil 1 auszuführen.

Das Vorhandensein einer Äußeren Blitzschutzanlage bietet gute Voraussetzungen für die Erdung eines Antennenstandrohrs, das nur auf möglichst kurzem Weg direkt mit der Fangleitung des

## 2. Äußerer Blitzschutz

*Bild 2.5.1.*

**Antennenerdung nach VDE 0855 und Äußerer Blitzschutz nach VDE 0185**

Direkter Anschluss des Antennenstandrohrs an die Fangleitung des Äußeren Blitzschutzes

Zum Beispiel: Blanker Kupferdraht mit 8 mm Durchmesser oder Aluminiumdraht mit 10 mm Durchmesser

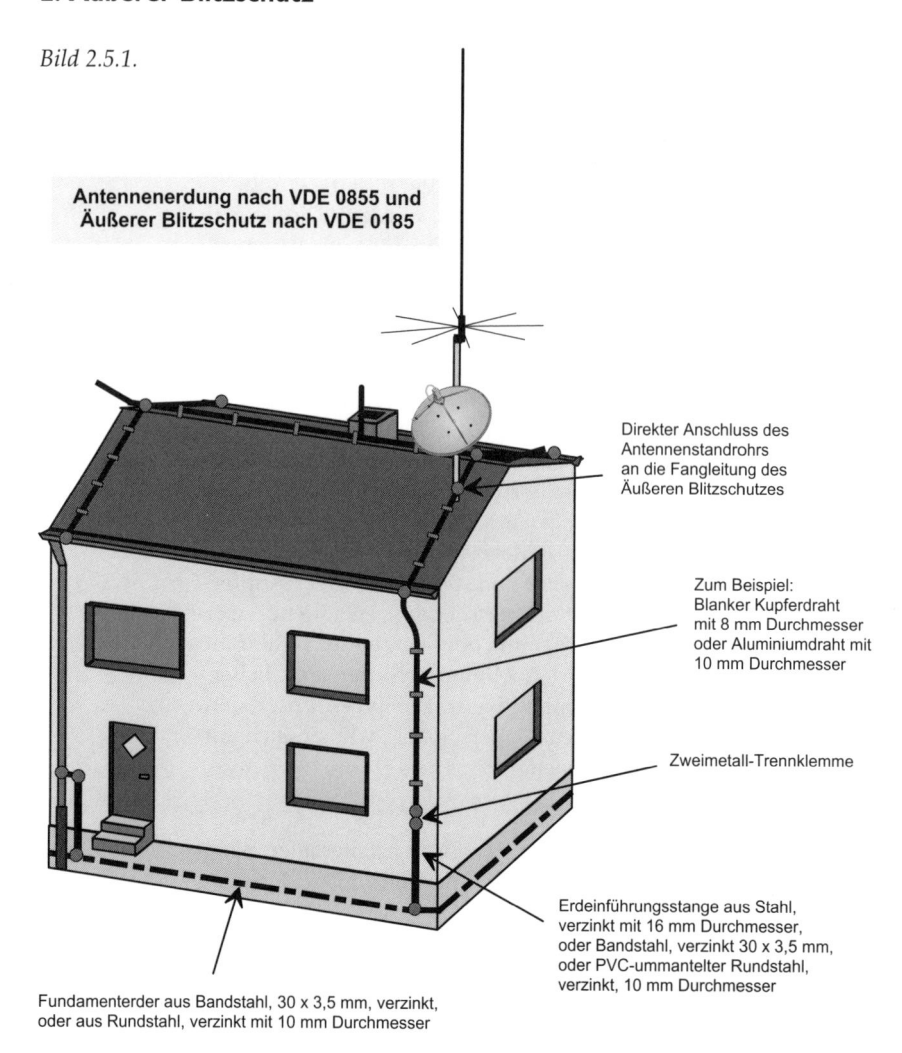

Zweimetall-Trennklemme

Erdeinführungsstange aus Stahl, verzinkt mit 16 mm Durchmesser, oder Bandstahl, verzinkt 30 x 3,5 mm, oder PVC-ummantelter Rundstahl, verzinkt, 10 mm Durchmesser

Fundamenterder aus Bandstahl, 30 x 3,5 mm, verzinkt, oder aus Rundstahl, verzinkt mit 10 mm Durchmesser

Äußeren Blitzschutzes zu verbinden ist (Bild 2.5.1). Der Erdungsleiter soll nach Möglichkeit aus demselben Werkstoff wie die Fangleitung bestehen und auch den gleichen Durchmesser wie die Fangleitung der Äußeren Blitzschutzanlage aufweisen.

Für ein Gebäude ohne Äußeren Blitzschutz verlegt der Elektroinstallateur meist den Leitungstyp NYM 1 × 16 mm² als Er-

## 2.5 Antennenerdung

dungsleitung. Im Normalfall verbindet diese Erdungsleitung das Antennenstandrohr auf dem Dach des Gebäudes mit der Hauptpotentialausgleichsschiene (Bild 2.5.2), die sich in der Regel im Keller des Wohnhauses befindet. Der Kupferleiter des Leitungstyps NYM ist ab 16 mm² Querschnittsfläche nicht mehr eindrahtig, sondern mehrdrahtig und auf Grund dessen nicht sehr gut für diesen Anwendungsfall geeignet. Der Kabeltyp NYY 1 × 16 mm² enthält dagegen einen eindrahtigen Kupferleiter, der mechanisch belastbarer ist.

Der alleinige Anschluss des Antennenstandrohrs an die Hauptpotentialausgleichsschiene kann einen Äußeren Blitzschutz in der Regel nicht ersetzen, weil sich das Gebäude meist nicht vollständig im Schutzraum des Antennenmastes befindet. Aus diesem Grund sind nach wie vor Blitzeinschläge in ungeschützte Gebäudekanten möglich.

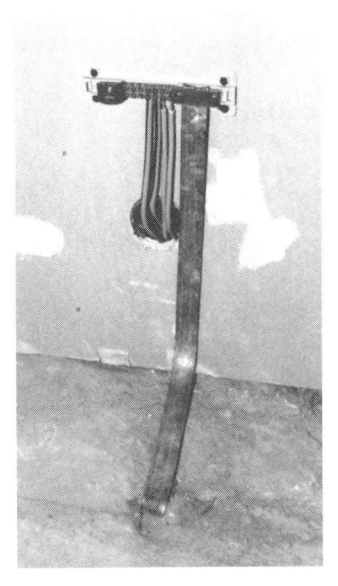

*Bild 2.5.2.*

Üblicherweise verlegen die Elektriker die Erdungsleitung innen durch das Gebäude zur Hauptpotentialausgleichsschiene. Schlägt der Blitz in einen auf diese Weise angeschlossenen Anntennenmast ein, fließt mit Sicherheit der größte Teil des Blitzstromes über den Erdungsleiter durch das Gebäude zur Erdungsanlage. Erfahrungsgemäß ist ein im Wohnhaus verlegter Erdungsleiter fast immer parallel zu nachrichten- und energietechnischen Leitungen verlegt. Aufgrund der parallelen Verlegung kommt es im Blitzeinschlagsfall nicht nur zu hohen induktiven Spannungseinkopplungen in die Gebäudeinstallationen. Es sind darüber hinaus auch Überschläge in Form von Lichtbögen möglich (galvanische Kopplung), die nicht nur hohe Blitzspannungen, sondern auch hohe Blitzströme einkoppeln. Hinzu kommt, dass die heißen Lichtbögen einen Brand verursachen können.

Aus den zuvor genannten Gründen sollte die Antennenerdungsleitung, unter Einhaltung der Näherungsabstände, immer außen am Gebäude verlegt werden (Bild 2.5.3). Die Einführung der Antennenerdungsleitung in das Gebäude ist unmittelbar über

## 2. Äußerer Blitzschutz

**Antennenerdung nach DIN VDE 0855 Teil 1**

z.B. NYY 1x16 mm²

ca. 1m
Staberder
2,5 m

z.B. NYY 1x16 mm²

Verbindung zur PAS

z.B. Kupferdraht mit 8 mm Durchmesser

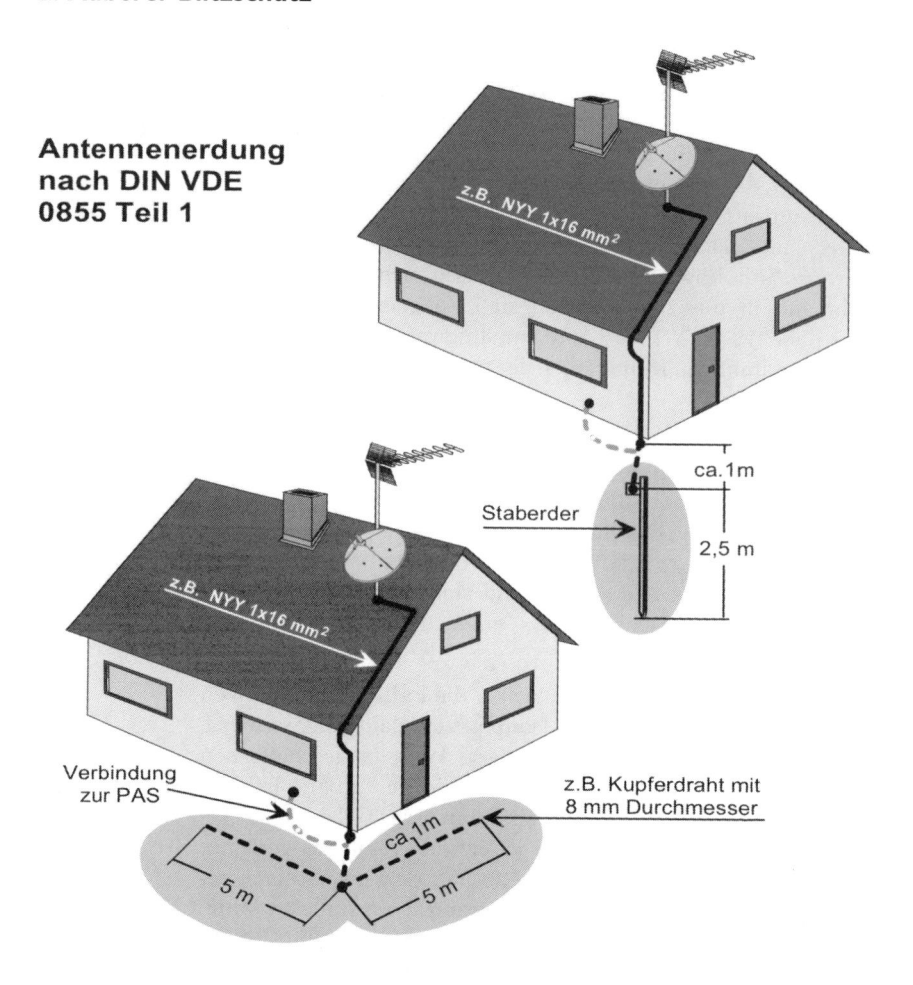

ca. 1m
5 m
5 m

*Bild 2.5.3.* der Geländeoberfläche an einer Stelle durchzuführen, die einen kurzen Leitungsweg innerhalb des Gebäudes zur Hauptpotentialausgleichsschiene ermöglicht.

Für Gebäude ohne Fundamenterder muss der Antennenerdungsleiter zusätzlich zu dem Anschluss an die Hauptpotentialausgleichsschiene den Anschluss an einen Vertikalerder erhalten, der eine Länge von mindestens 2,5 Metern aufweist. Alternativ zu dem Vertikalerder ist auch ein Horizontalerder zulässig. Dieser muss aus 2 Strahlenerdern bestehen, die mit einer

## 2.5 Antennenerdung

Mindestlänge von je 5 Metern, etwa 0,5 Meter tief, im Abstand von ca. 1 Meter zu der Außenwand des Gebäudes, einzubringen sind (Bild 2.5.3). Als Horizontalerder sollte ein blanker Kupferdraht mit 8 mm Durchmesser bevorzugt werden. Handelsübliche Stab-, Profilstab- (Bild 2.5.4) oder Rohrerder aus verzinktem Stahl eignen sich zum Beispiel für den Einsatz als Vertikalerder. Zu beachten ist, dass das Eintreiben eines 2,5 Meter langen Vertikalerders oft sehr schwierig und bei steinigem Boden nahezu unmöglich ist.

Das Bild 2.5.4 zeigt als negatives Beispiel einen Profilstaberder, der einen zu geringen Abstand zur Außenwand des Gebäudes aufweist. Der spulenförmig gewickelte Erdungsleiter ist mit Sicherheit nicht als möglichst kurze und impedanzarme Verbindung zu betrachten. Hinzu kommt, dass sich dieser Erder vermutlich keine 2,5 Meter tief im Erdreich befindet, da er die Geländeoberfläche um ca. einen halben Meter überragt.

*Bild 2.5.4.*

Anmerkung:

Grundsätzlich darf als Erdungsleiter für einen Antennenträger kein PE-, PEN- oder N-Leiter der elektrischen Anlage verwendet werden. Die Schirme (Außenleiter) von Koaxialkabeln, die zur Verlegung in Wohngebäuden üblich sind, eignen sich wegen ihres viel zu geringen Querschnitts nicht als Erdungsleiter.

Wie in Bild 2.5.1 dargestellt, sollte als Erdungsleiter für die Antennenerdung ein Leiter verwendet werden, wie er für die Installation der Fangeinrichtung einer Äußeren Blitzschutzanlage üblich ist. Dazu gehören zum Beispiel der Kupferdraht mit 8 mm Durchmesser und der Aluminiumdraht mit 10 mm Durchmesser. Der Grund für die Anwendung dieser Leitungen ist die gegenüber dem 16 mm$^2$ Kupferleiter höhere mechanische Festigkeit und größere Strombelastbarkeit. Hinzu kommt, dass es für diese Leiterdurchmesser eine große Auswahl an geeigneten Dachleitungs- und Wandleitungshaltern sowie Anschlussklemmen und Anschlussschellen im Handel gibt. Obwohl „Nicht rostender Stahl" (V2A und V4A) von den Blitzschützern als zuläs-

## 2. Äußerer Blitzschutz

| Werkstoff | (Rho) $\rho$ Spezifischer Widerstand | (Kappa) $\kappa$ Leitfähigkeit |
|---|---|---|
| Kupfer (Cu) | 0,0178 | 56 |
| Aluminium (Al) | 0,0303 | 33 |
| Eisen (Fe) | 0,1300 | 7,7 |
| Niro (V4A / V2A) | 1,4000 | 0,7 |

Bild 2.5.5.

siger Werkstoff für das Errichten von Blitzschutzanlagen genormt wurde, ist dieser Werkstoff wegen seines schlechten elektrischen Leitwerts (Bild 2.5.5) für die Antennenerdung nicht zu empfehlen. Für die Elektroinstallation in Wohngebäuden wurde bereits vor Jahrzehnten der schlechter leitende Werkstoff

## *Potentialausgleich und Erdung von Empfangsstellen und Antennen*

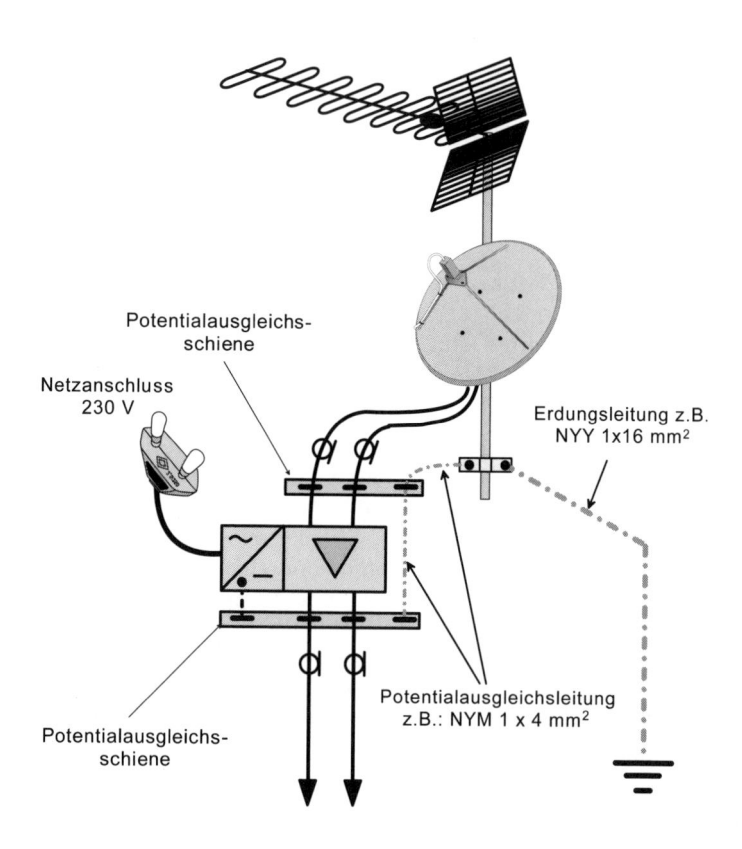

Bild 2.5.6.

## 2.5 Antennenerdung

*Bild 2.5.7.*

Aluminium abgeschafft. In der Blitzschutztechnik ist das eher umgekehrt. Hier werden schlechter leitende Werkstoffe neu eingeführt und wegen der hohen Korrosionsbeständigkeit empfohlen. Ein Niroleiter, der von einem energiereichen Blitzstrom durchflossen wird, kann Temperaturen erreichen, die über seinen Schmelzpunkt hinausgehen (Brandgefahr).

Zusätzlich zur Antennenerdung ist für das Antennenverteiler- bzw. Antennenverstärkersystem ein Potentialausgleich herzustellen. Dieser verhindert, dass gefährliche Spannungen auftreten können. Für diesen Zweck sind alle von den Antennen kommenden und zu den Empfangsgeräten abgehenden Koaxialleitungen über eine geeignete Schirmerdungsschiene mit der Potentialausgleichsleitung zu verbinden (Bild 2.5.6). Als Potentialausgleichsleiter eignet sich zum Beispiel der grüngelb gekennzeichnete Leitungstyp H07V-U oder die Leitung NYM mit einer Leiterquerschnittsfläche von mindestens 4 mm² (Bild 2.5.7).

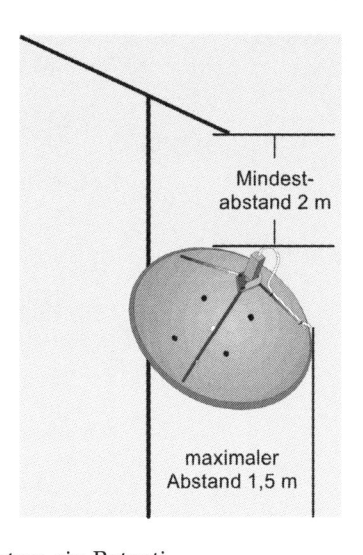

*Bild 2.5.8.*

Anmerkung:

Die Bestimmungen für den Schutz von Antennenanlagen gegen statische Aufladung und Blitzeinwirkung beziehen sich nicht auf Zimmerantennen und auch nicht auf Antennen, die sich an der Außenwand, mehr als 2 Meter unterhalb der Dachkante befinden, wenn sie nicht weiter als 1,5 Meter von der Außenwand entfernt sind (Bild 2.5.8).

Was geschehen kann, wenn der Blitz in die nicht geerdete Antenne eines CB-Funkers einschlägt, steht im folgenden Bericht einer regionalen Tageszeitung (Bild 2.5.9).

## 2. Äußerer Blitzschutz

*Bild 2.5.9.*

**Ein Blitz durchzuckte den Körper eines Neumarkters**

# Blitzschlag überlebt.

## Keine nennenswerten körperlichen Schäden „Ein Wunder"

NEUMARKT - Ein 32jähriger Mann aus Neumarkt ist vom Blitz getroffen worden und hat ohne nennenswerte körperliche Schäden den überlebt. Die Im Neumarkter Kreiskrankenhaus sprachen von einem Wunder.

Es hat einen Schlag getan, als wenn eine Rakete das Haus getroffen hätte. Dann ging das Licht aus und ich hab' mich gefühlt, als ob ich eine halben Meter kleiner geworden bin. So beschreibt Alois Völkl aus Neumarkt sein Erleben beim Blitzeinschlag. Er stand abends gegen 21 Uhr mit seiner Tante und einem Monteur im Keller seines Hauses in Neumarkt und wollte die Heizungsanlage überprüfen.

Ohne eigentlich einen Grund dafür zu haben, faßte Völkl an den Fenstergriff, In diesem Moment schlug der Blitz ein und traf ihn. Vermutlich hatte der Blitz sich seinen Weg über die Wasserleitung gesucht, neben der Mann stand. " ich hab' gemeint, jetzt ist gar", so der 32jährige. Der Blitz erfaßte den rechten Arm und - trat an beiden Füßen wieder aus. Daß der Neumarkter - von Beruf Straßenwärter und ein regional bekannter Stürmer des Bezirksoberligisten SV Pölling - noch lebt, schreibt er nicht nur seinem " Riesendusel " zu. Ich war barfuß und das war wohl entscheidend. Außerdem bin ich gut durchtrainiert und vertrage einiges", meint er. Erst am nächsten Morgen ließ sich Alois Völkl im Krankenhaus untersuchen, wo ihn die Ärzte sofort auf die Intensivstation verfrachteten. WILFRIED GRÄTZ

Neumarkter Nachrichten, 09. 08. 1994

Nach dem Blitzeinschlag wurde die CB-Funkantenne nicht geerdet, sondern einfach nur demontiert. Auf diese Weise ließ sich das Problem schnell und kostengünstig lösen.

## 2.6 Erdungswiderstandsmessung

Der Begriff Erdungswiderstand ist eine Kurzform, für die früher verwendeten Begriffe Erdübergangs- oder Erdausbreitungswiderstand. Für den Blitzschutzerder eines Wohngebäudes ist, bis auf eine einzige Ausnahme, kein bestimmter Erdungswiderstand einzuhalten. Diese Ausnahme ist aber eigentlich keine Ausnahme, weil es sie nach Aussagen der „Blitzschützer" überhaupt nicht geben darf. Auf Grund dessen stellt sich natürlich für viele die Frage, warum folgende Formel in der DIN VDE 0185 Teil 1 enthalten ist:

$$RA < 5\,D$$

Diese Formel bedeutet, dass der Erdungswiderstand RA kleiner sein muss als der mit dem Wert 5 multiplizierte und geringste Abstand einer oberirdisch verlegten Leitung des Äußeren Blitzschutzes zu Metall- und Elektroinstallationen des Gebäudes. Zum Beispiel würde sich bei einem Meter als geringster Abstand „D" ein einzuhaltender Erdungswiderstand (1 Meter × 5 = 5 Ohm) ergeben, der kleiner als 5 Ohm sein müsste. Die Einhaltung dieses Erdungswiderstandes ist aber nur dann gefordert, wenn kein Blitzschutzpotentialausgleich für das Gebäude vorhanden ist. Der Blitzschutzpotentialausgleich darf aber in einem Gebäude mit Äußeren Blitzschutz nicht fehlen. Das heißt, die zuvor beschriebene Formel in der VDE 0185 Teil 1 ist umsonst und völlig überflüssig?

Auch dann, wenn für eine Blitzschutzerdungsanlage kein bestimmter Erdungswiderstand gefordert ist, muss nach der Errichtung eines Äußeren Blitzschutzes an jeder Erdeinführung der Erdungswiderstand gemessen und in ein Prüfprotokoll eingetragen werden.

Ergibt eine Wiederholungsprüfung höhere Widerstandswerte, erhält der Prüfer, durch den Vergleich mit den protokollierten Messergebnissen der Erstprüfung, den Hinweis auf eine eventuell beschädigte oder durch Korrosion zerstörte Erdungsanlage.

Was der Erdungswiderstand ist, lässt sich am besten mit einem Kugelerder erklären, der sich nur mit seiner unteren Hälfte im

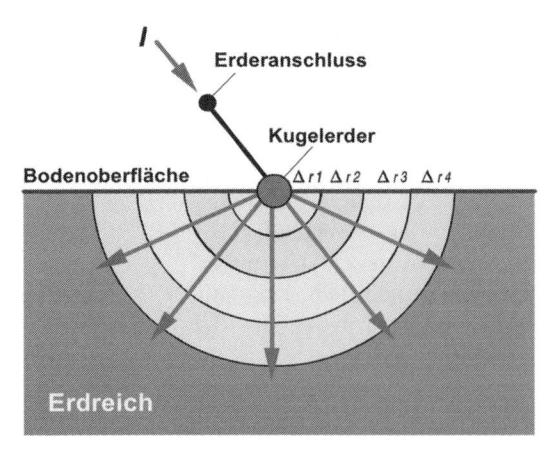

## 2. Äußerer Blitzschutz

Bild 2.6.1.

Bild 2.6.2.

Erdreich befindet (Bild 2.6.1). Ein über die Halbkugel ins Erdreich fließender Strom geht gleichmäßig ins Erdreich über, wenn das Erdreich einen gleichmäßigen spezifischen Erdwiderstand besitzt. Der Erdungswiderstand ist die Summe aus vielen Teilwiderständen, die von den halbschalenförmigen Teilen des Erdreiches verursacht werden (Bild 2.6.2).

Mit zunehmender Entfernung zum Kugelerder nimmt auch das Volumen des halbschalenförmigen Erdreiches zu, so dass die Halbschale, die sich in größter Entfernung zum Erder befindet, den kleinsten Widerstand besitzt. Ab einem bestimmten Abstand zum Kugelerder ist der Halbschalenwiderstand wegen seines zu geringen Wertes nicht mehr messbar. Die Summe der messbaren Teilwiderstände ergeben den Gesamtwiderstand, den wir Erdungswiderstand nennen.

Für die Messung des Erdungswiderstandes ist außerhalb des vom Messstrom beeinflussten Bereichs eine Sonde, bestehend aus einem kleinen Erdspieß, ca. 20 bis 30 cm tief ins Erdreich einzubringen. Bei der Messanordnung in Bild 2.6.3 zeigt das Amperemeter den über das Erdreich zur Sonde fließenden Strom an, und das Voltmeter erfasst den Spannungsfall, den der Er-

## 2.6 Erdungswiderstandsmessung

dungswiderstand verursacht. Mit diesen Werten kann man über das Ohmsche Gesetz (R = U/I) den Erdungswiderstand errechnen.

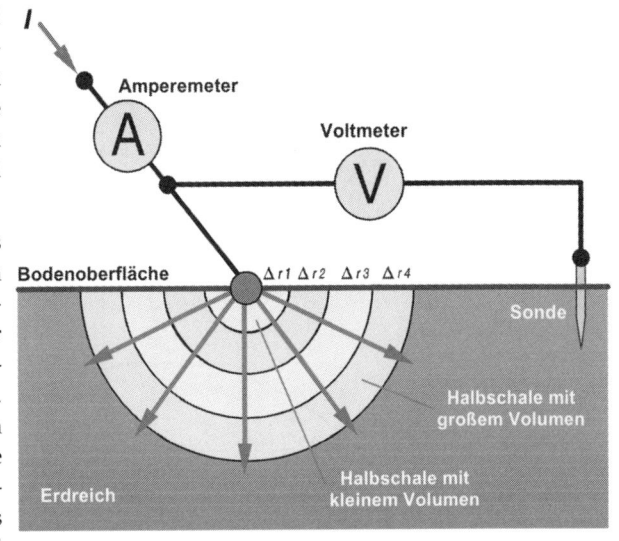

Die Anwendung des zuvor beschriebenen Messverfahrens erfordert, dass der Erder unter Spannung gesetzt wird. Wegen der hohen Schrittspannung, die ein Mensch in nächster Nähe des Erders abgreifen kann (Bild 2.6.4), darf die 230-V-Netzspannung nur unter Beachtung der maßgebenden Normen angewandt werden.

*Bild 2.6.3.*

Die für Erdungsmessungen zugelassenen Messgeräte entsprechen der DIN VDE 0413. Sie messen meist mit einer Spannung, die unter der maximal zulässigen Berührungsspannung (50 V bzw. 25 V) liegt. Darüber hinaus sind VDE-konforme Prüfgeräte im Handel erhältlich, die den Messstrom auf 3,5 mA begrenzen oder den Messvorgang automatisch innerhalb von 0,2 Sekunden unterbrechen.

*Bild 2.6.5.*

In der Praxis kommen für die Messung von Erdungswiderständen meist moderne Erdungsmessinstrumente zum Einsatz (Bild 2.6.5), die einen eigenen Generator zur Erzeugung eines konstanten Messstromes besitzen. Die Messwechselspannung befindet sich bei diesen Geräten in einem ungefährlichen Bereich, und die Messfrequenz liegt außerhalb der 50-Hz-Frequenz, um Verfälschungen der Messergebnisse durch das 230/400-V-Netz zu vermeiden.

## 2. Äußerer Blitzschutz

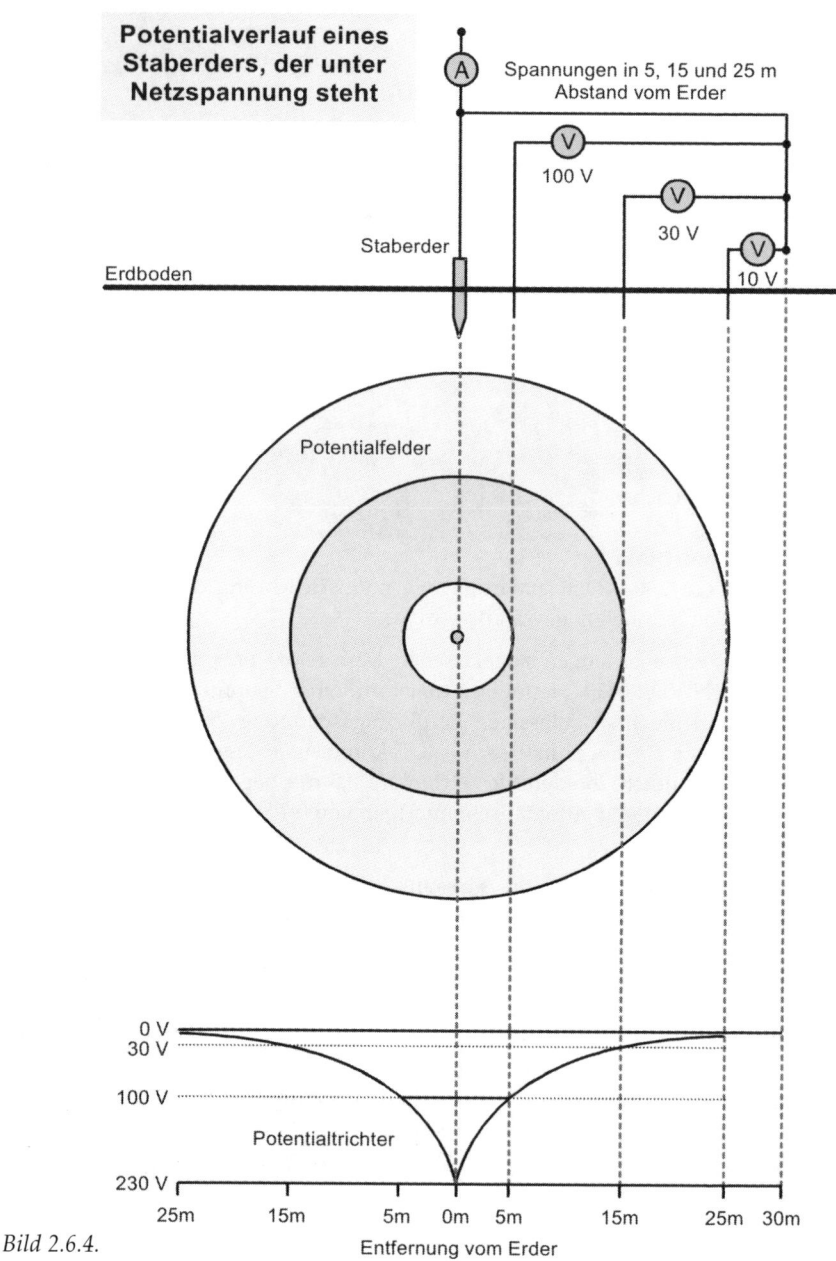

**Potentialverlauf eines Staberders, der unter Netzspannung steht**

Spannungen in 5, 15 und 25 m Abstand vom Erder

100 V
30 V
10 V

Staberder
Erdboden

Potentialfelder

0 V
30 V
100 V
Potentialtrichter
230 V

25m   15m   5m   0m   5m   15m   25m   30m
Entfernung vom Erder

*Bild 2.6.4.*

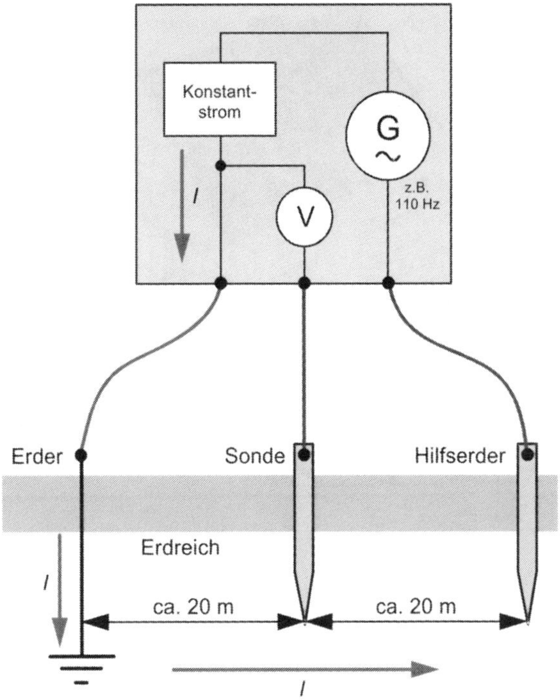

## 2.6 Erdungswiderstandsmessung

Das Bild 2.6.6 zeigt das Schema eines Erdungsmessgerätes, das den Erdungswiderstand über eine Sonde und einen Hilfserder ermittelt. Die erfassten Messwerte werden im Messgerät umgesetzt und sind als Widerstandswert auf dem digitalen Anzeigedisplay ablesbar.

Die Messung erfordert, dass Sonde und Hilfserder außerhalb des erdnahen Bereiches ins Erdreich eingebracht werden. Also in dem Bereich, den wir Bezugserde nennen. Sonde und Hilfserder müssen soweit voneinander entfernt sein, dass sie sich durch ihren eigenen Erdungswiderstand nicht gegenseitig beeinflussen. Aus diesem Grund ist zwischen Sonde und Hilfserder ein Abstand einzuhalten, in etwa so groß wie der Abstand vom Erder zur Sonde. Entsprechend den Spannungstrichtern nehmen die Potentiale mit zunehmender Entfernung von Erder und Hilfserder ab. In der Mitte zwischen den beiden Erdern entsteht ein so genannter neutraler Bereich, der sich für den Einsatz der Sonde eignet.

Bild 2.6.6.

Um sicher zu gehen, dass die Sonde auch wirklich im neutralen Bereich steckt, sollten eine zweite und dritte Messung durchgeführt werden, bei denen mit einer um ca. einen Meter in Richtung Erder und um ca. einen Meter in Richtung Hilfserder versetzten Sonde zu messen ist. Weichen die Messergebnisse der zweiten und dritten Messung nicht vom Ergebnis der ersten Messung ab, dann befindet sich die Sonde im neutralen Bereich.

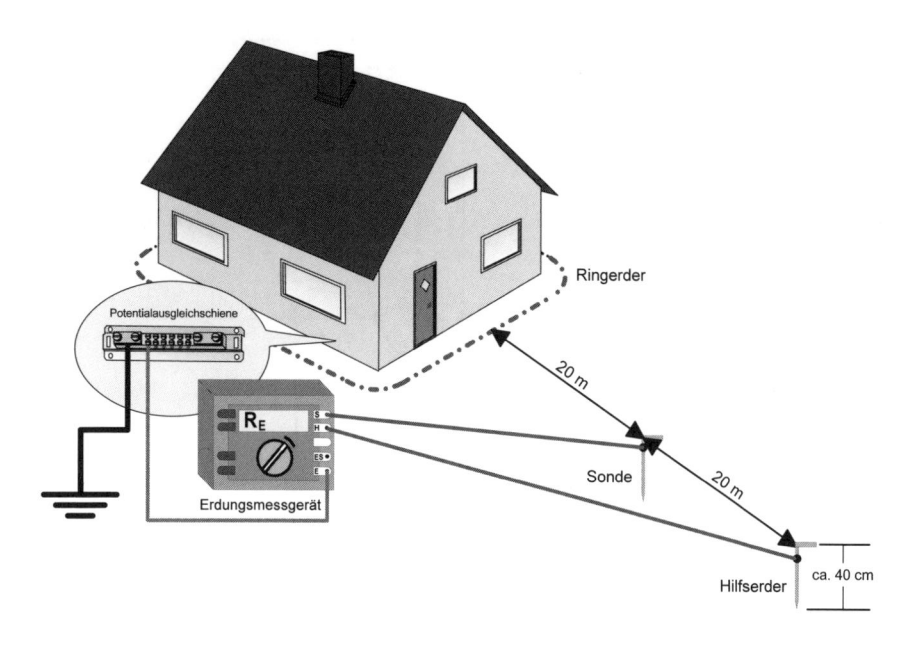

## 2. Äußerer Blitzschutz

Bild 2.6.7. — Ringerder, Potentialausgleichschiene, Erdungsmessgerät $R_E$, Sonde, Hilfserder, 20 m, 20 m, ca. 40 cm

Auf dem Bild 2.6.7 ist die typische Anordnung für die Messung des Erdungswiderstandes eines Ringerders zu sehen. Bei der Messung muss sich die Sonde nicht unbedingt (wie dargestellt) in einer Flucht zum Erder und Hilfserder befinden. Oft ist eine Anordnung im Dreieck zweckmäßiger und leichter realisierbar. Die dreieckige Anordnung ermöglicht geringere Abstände für Sonde und Hilfserder zur Erdungsanlage. Zu Ungunsten der Erdungswiderstandsmessung hält auch in ländlichen Gegenden der Trend an, dass die Wohngebäude immer größer gebaut werden, was eine größere, vom Fundamenterder umschlossene Fläche mit sich bringt. Diese größere Fläche erfordert größere Abstände zwischen Erder, Sonde und Hilfserder. Gleichzeitig werden heute die Bauplätze für Wohnhäuser immer kleiner, so dass für den Einsatz von Sonde und Hilfserder kein Einsatzbereich vorhanden ist, der nicht durch die Potentialtrichter von anderen Erdungsanlagen beeinflusst wird. Das bedeutet, dass sich dieses Messverfahren mit Sonde und Hilfserder nur für Anwesen eignet, deren Häuser von einem großen unbebauten Grundstück umschlossen sind. Für das Messen der Erdungswiderstände von Erdungsanlagen mit großer Ausdehnung gilt als grober

## 2.6 Erdungswiderstandsmessung

Richtwert für den einzuhaltenden Sonden- und Hilfserderabstand das 2,5 bzw. 5fache von der größten Diagonale der vom zu messenden Erder umschlossenen Fläche. Aus diesem Grund wird in dicht bebauten Gebieten für die Messung der Erdungswiderstände meist eine Erdungsmesszange verwendet (Bild 2.6.8).

Die Erdungsprüfzange von CHAUVIN ARNOUX vereinfacht die Erdungsmessung enorm und erspart das zeitraubende Öffnen der Trennstellen von Äußeren Blitzschutzanlagen. Benötigte man für konventionelle Erdungsmessungen eine Sonde als Potentialabgriff und einen Hilfserder, um den Stromkreis des Messstromes zu schließen, so reicht bei diesen neuartigen Messverfahren ein Messgerät, das den Erdleiter nur mit seiner Zange umschließt.

Die induktive Erdschleifenmessung mit dem Zangenmessgerät beruht auf dem Transformatorprinzip. Eine Messspannung, die eine eingebauten Batterie erzeugt, wird mittels Einspeisezange (Primärwicklung) auf die Erdungsanlage übertragen. In dieser bildet sich aufgrund der vorhandenen niederohmigen Leiterschleife (Sekundärwicklung) ein Messstrom. Die Leiterschleife bildet zum Beispiel beim Äußeren Blitzschutz der Weg vom Fundamenterder über die Ableitung 1 und der Dachverbindung zur Ableitung 2 und von dieser zurück zum Fundamenterder.

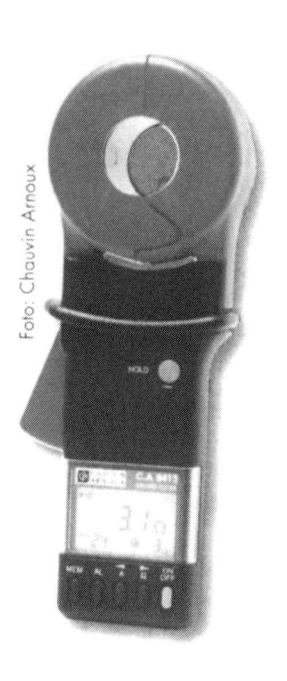

*Bild 2.6.8.*

Nach den Ohmschen Gesetz (R = U/I) wird automatisch der gesuchte Erdschleifenwiderstand ermittelt und digital angezeigt. Mit diesem Verfahren lassen sich alle notwendigen Erdungsmessungen in kürzester Zeit vornehmen, ohne das lästige Auslegen von Messkabel und Setzen von Hilfserdern sowie Öffnen von Trennstellen.

Darüber hinaus lassen sich mit dieser Messzange schlechte Löt- und Schweißverbindungen, verrostete Anschlüsse und lockere Schrauben problemlos lokalisieren. Gleichzeitig erhöht sich die Sicherheit für Prüfer und Anlage während der Prüfung, da keine Unterbrechung von Erdungsverbindungen erfolgt. Die Erdungsmesszange ermöglicht im Messbereich von 0,01 Ohm bis

## 2. Äußerer Blitzschutz

**Konventionelle Erdungsmessung**

$R_E$ Ω

Sonde
Hilfserder
— 20 m — — 20 m —
Fundamenterder

**Prüfzangenmessung**

Erdungsprüfzange

Fundamenterder

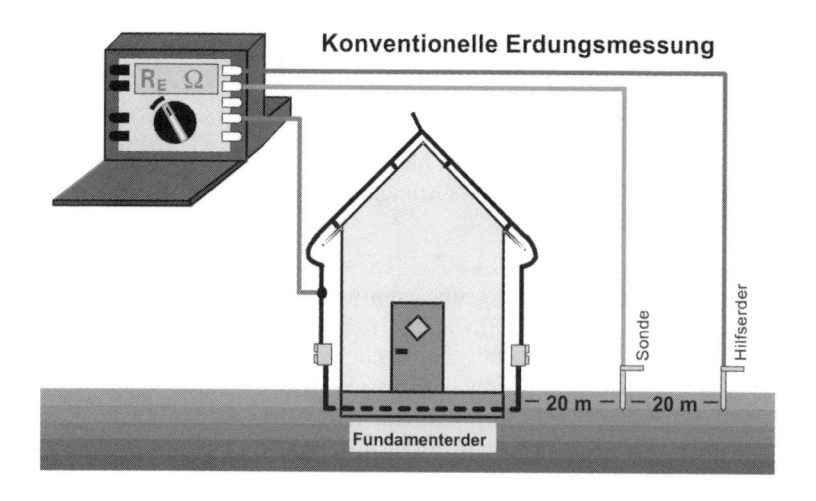

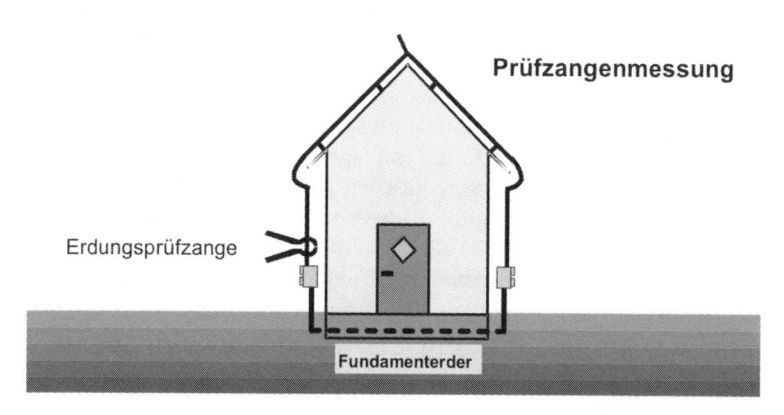

Bild 2.6.9. 1,2 kOhm eine gute Beurteilung aller Erdungsanlagen. Sie besitzt zusätzlich eine AC-Strommessfunktion, mit der sich selbst schwache Leckströme im Erder (1 mA AC bis 30 A AC) lokalisieren lassen. Im Alarmmodus kann ein beliebiger Sollwert vorgegeben werden. Bei Über- oder Unterschreitung des eingestellten Wertes alarmiert die Zange optisch und akustisch. Bis zu 99 Messungen können gespeichert und zu einem späteren Zeitpunkt ausgewertet werden. Alle Daten bleiben auch nach Abschalten des Gerätes bis zu einer gewollten Löschung erhalten.

## 2.7 Erdwiderstandsmessung

Über die Messgenauigkeit dieser unterschiedlichen Messmethoden (Bild 2.6.9) streiten sich die Gelehrten, obwohl es keinen Grund dafür gibt, weil nach DIN VDE 0413 der zulässige Messfehler für Erdungsmessgeräte 30 % betragen darf. Hinzu kommt, dass der Erdwiderstand unter Berücksichtigung der Jahreszeit und der Niederschläge mehr als ± 30 % betragen kann.

## 2.7 Erdwiderstandsmessung

Der Erdwiderstand ist der spezifische elektrische Widerstand des Erdreiches. Er wird in Ohmmeter angegeben und bildet sich aus dem Widerstand, den ein Würfel des Erdreiches mit einem Meter Kantenlänge besitzt. Er ist abhängig von der Bodenzusammensetzung, der Feuchtigkeit und der Temperatur des Erdreiches.

| Mittelwert für den spezifischen Erdwiderstand $\varrho_E$ in ($\Omega$ m) ||
|---|---|
| Lehmboden | 100 |
| Sandboden | 200 bis 1000 |
| Steiniger Boden | 1000 bis 3000 |

Bild 2.7.1.

Zunehmende Feuchtigkeit vermindert den spezifschen Erdwiderstand erheblich. Die Schwankungen können entsprechend der Bodenfeuchtigkeit und Jahreszeit ± 30 % und mehr betragen. Das Bild 2.7.1 zeigt die Mittelwerte für die spezifischen Erdwiderstände von verschiedenen Bodenarten.

Die Unterschiede sind extrem. So hat zum Beispiel ein sandiger oder kieshaltiger Boden einen zehnmal höheren spezifischen Erdwiderstand als Lehmboden. Die Werte für den spezifischen Erdwiderstand stellen grobe Mittelwerte dar, die im Einzelfall starken Schwankungen unterliegen. Beispielsweise kann bei Lehmböden der Toleranzbereich zwischen 20…300 Ohmmeter liegen; bei trockenem Sand- oder Kiesboden liegt der Erdwiderstand in einem Bereich, der bei ca. 200 Ohmmeter beginnt und etwa bei 3.000 Ohmmeter endet.

Der spezifische Erdwiderstand ist die physikalische Größe, die zur Berechnung von Erdleiterlängen bzw. Erdungsanlagen dient. Er ist heute besonders wichtig, weil die Erdleiterlänge nach VDE V 0185 Teil 100 für die Blitzschutzklassen 1 und 2 vom spezifischen Erdwiderstand abhängig ist (siehe Bild 2.4.7).

## 2. Äußerer Blitzschutz

**Wenner Messmethode für die Ermittlung des spezifischen Erdwiderstandes**

$$\varrho = 2 \cdot \pi \cdot e \cdot R$$

$$\varrho = 2 \cdot \pi \cdot e \cdot \frac{U}{I}$$

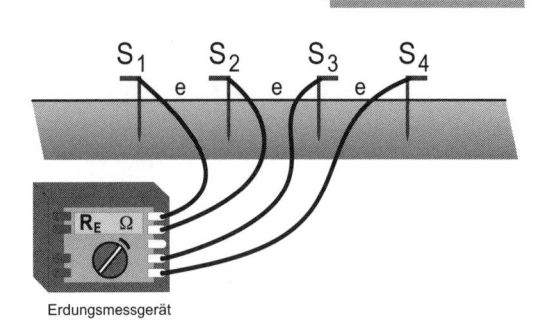

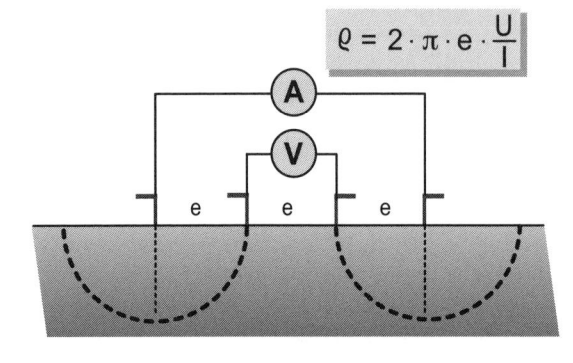

Bild 2.7.2.

Zur Ermittlung bedient man sich der Messmethode von Wenner. Für die Messung kann eine Erdungsmessbrücke oder ein nach dem Strom-Spannungs-Messverfahren arbeitendes Messgerät verwendet werden.

Vor der Messung werden in den Erdboden vier gleich lange Sonden bzw. Erdspieße in gerader Linie und in gleichem Abstand e voneinander eingebracht. Die Einschlagtiefe darf maximal 1/3 von e betragen. Die zwei äußeren Erdspieße werden mit den Klemmen E (Erder) und H (Hilfserder) am Messgerät verbunden. Zwischen diesen beiden Sonden fließt der Messstrom. Die anderen beiden Erdspieße werden an den Klemmen S und ES am Messgerät angeschlossen. Über diesen Sondenmesskreis wird der durch den Messstrom erzeugte Spannungsfall hochohmig abgegriffen. Der am Messgerät angezeigte Widerstandswert R ermöglicht die Berechnung des spezifischen Erdwiderstandes nach der oberen Formel auf Bild 2.7.2. Die Formel auf dem unteren Teil des gleichen Bildes dient zur Berechnung des Erdwiderstandes, wenn die Werte für U und I mit dem Strom-Spannungs-Messprinzip ermittelt werden konnten.

Die Messmethode von Wenner erfasst den spezifischen Erdwiderstand bis zu einer Tiefe, die in etwa dem Abstand e zweier Erdspieße entspricht. Vergrößert man den Abstand e, so können tiefere Erdschichten mit erfasst und der Boden auf Ho-

## 2.7 Erdwiderstandsmessung

mogenität geprüft werden. *Homogen* bedeutet *gleichartig im Stoffaufbau*. Für das Gegenteil von *homogen* steht der Begriff *heterogen*. Ein Erdreich mit unterschiedlichen physikalischen Eigenschaften ist heterogen.

$$\varrho_E = \frac{A}{l} \cdot R \, (\Omega m)$$

Theoretisch könnten wir den spezifischen Erdwiderstand auch an einem Würfel aus homogenem Erdreich (mit einem Meter Kantenlänge) ermitteln, wenn auf zwei gegenüberliegenden Seiten des Würfels Metallplatten zum Messen des Ohmschen Widerstandes angebracht sind. Würde zum Beispiel an diesen Metallplatten, zwischen denen sich ein Kubikmeter nasser Lehmboden mit einem spezifischen Erdwiderstand von 50 Ohmmetern befindet, eine Spannung von 50 V angelegt, so käme ein Strom von einem Ampere zum Fließen (Bild 2.7.3).

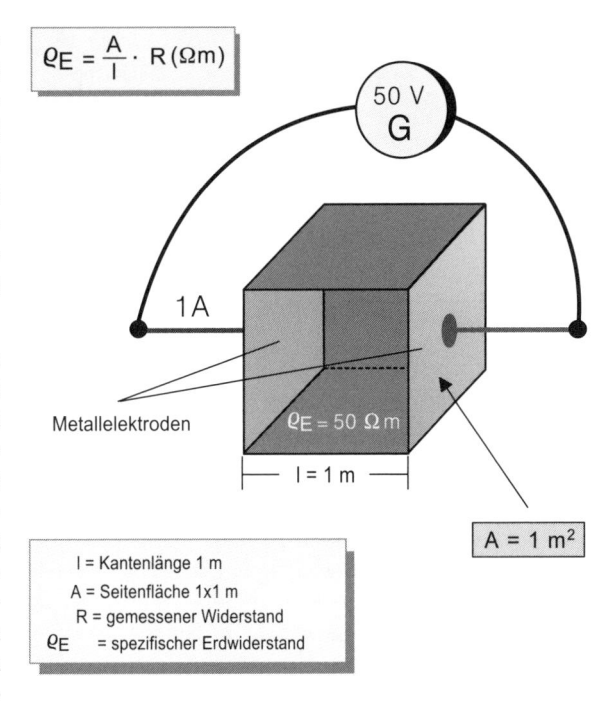

l = Kantenlänge 1 m
A = Seitenfläche 1x1 m
R = gemessener Widerstand
$\varrho_E$ = spezifischer Erdwiderstand

*Bild 2.7.3.*

Durch mehrfaches Verändern von e ergeben sich eventuell mehrere verschiedene Messwerte, die auf einen geeigneten Erdertyp schließen lassen. Je nach der zu erfassenden Tiefe wird man den Abstand e zwischen 2 m und 30 m wählen. Es ergeben sich daraus Kurven, wie sie in Bild 2.7.4 dargestellt sind.

Ergeben die Messungen eine Kurve ähnlich Bild 2.7.4/1, sind Vertikalerder am sinnvollsten, da sich der spezifische Erdwiderstand erst in tieferen Erdschichten verbessert.

Das Bild 2.7.4/2 zeigt, dass ein Vertikalerder, der über die Tiefe A hinausgeht, keine besseren Werte zulässt, da der spezifische Erdwiderstand in tieferen Schichten als A wieder zunimmt.

## 2. Äußerer Blitzschutz

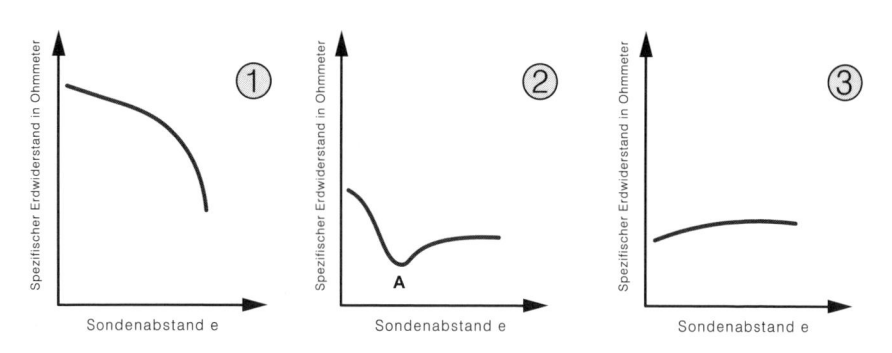

*Bild 2.7.4.* Die Kurve in Bild 2.7.4/3 zeigt, dass der spezifische Erdwiderstand in den tieferen Lagen zunimmt; somit ist zum Beispiel ein 0,5 Meter tief eingebrachter Oberflächenerder empfehlenswert.

Das Messergebnis kann verfälscht werden durch unterirdische Wasseradern, Wurzelwerk und/oder Metallteile, die sich im Erdboden befinden. Besteht dieser Verdacht, sollte zur Sicherheit eine zweite Messung mit gleichem Abstand e erfolgen, bei *Bild 2.7.5.* der die Achse der Erdspieße um 90° gedreht wird.

| Berechnung des Erdungswiderstandes $R_A$ in ($\Omega$) | |
|---|---|
| Vertikalerder | $R_A \approx \dfrac{\varrho_E}{l}$ |
| Strahlenerder | $R_A \approx \dfrac{2 \cdot \varrho_E}{l}$ |
| Ring- / Fundamenterder | $R_A \approx \dfrac{2 \cdot \varrho_E}{3 \cdot D}$ |

$R_A$ = Erdungswiderstand in ($\Omega$)
$\varrho_E$ = Spezifischer Erdwiderstand in ($\Omega$ m)
$l$ = Länge des Erders (m)
$A$ = Umschlossene Fläche des Ringerders (m²)
$D$ = Durchmesser eines Ringerders (m)
$D = 1{,}13 \cdot \sqrt[2]{A}$

Der Erdungswiderstand, der mit den verschiedenen Erdertypen in etwa erreicht wird, ergibt sich aus den in Bild 2.7.5 dargestellten Formeln. Wegen der großen Abhängigkeit des Erdwiderstandes (und auch des Erdungswiderstandes) von der Jahreszeit und Feuchtigkeit sind diese groben Richtwerte für den Praktiker völlig ausreichend.

# Anhang

## Grafische Symbole für Blitzschutzanlagen nach DIN 48 820

| Symbol | Bezeichnung | Symbol | Bezeichnung |
|---|---|---|---|
| ............ | Fundamenterder | ⟶ | Leitung nach oben führend |
| ——— | Blitzschutzleitung offen liegend | ⟶ | Leitung nach unten führend |
| ------------ | Unterirdische Leitung | [G] | Gaszähler |
| —m— | Leitung unter Dach | [W] | Wasserzähler |
| -·-·-·-·-·- | Elektrische Leitung | [F] | Feuergefährdete Bereiche |
| ============ | Rohrleitung aus Metall | ⚠Ex | Explosionsgefährdete Bereiche |
| σ----------- | Dachrinne mit Fallrohr | [Spr] | Explosivstoffgefähr. Bereiche |
| ▨— | Betonstahl Anschluss | [○○○○] | Potentialausgleichsschiene |
| --ILT-- | Stahlkonstruktion | ⎍ | Überbrückung |
| ▨▨▨▨ | Metallabdeckung | ● | Blitzfangstange |
| —I—I—I—I— | Schneefanggitter | ⏚ | Erdung |
| —♦— | Verbindung oberirdisch | ⏚ | Staberder |
| --#-- | Verbindung unterirdisch | ⏚ | Schutzerde |
| —∞— | Trennstelle | ⏚ | Fremdspannungsarme Erde |
| —)— | Dachdurchführung | ⏚ | Masse/Gehäuse |
| → ← | Trennfunkenstrecke | ▬ | Schornstein |
| —▶— | Überspannungsableiter | ⬭ | Ausdehnungsgefäß |
| —▶— | Blitzstromableiter | ⊠ | Aufzug |
| ⊖ | Gasentladungs-Ableiter | ⊖ | Dachständer |
| ⊕ | Gasentladungs-Ableiter (symmetrisch) | ⊤ | Antenne |
| —◫— | Gleitfunkenstrecke | ⦿ | Fahnenstange |

127

# Anhang

## Blitzschutz für ein Wohnhaus

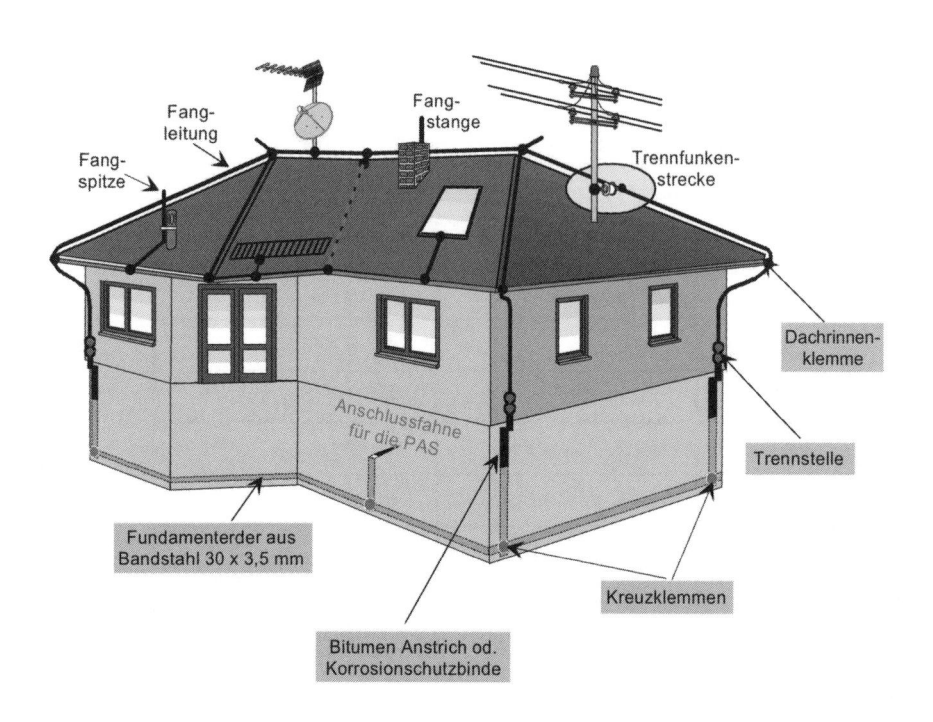

- Fangspitze
- Fangleitung
- Fangstange
- Trennfunkenstrecke
- Dachrinnenklemme
- Trennstelle
- Anschlussfahne für die PAS
- Fundamenterder aus Bandstahl 30 x 3,5 mm
- Bitumen Anstrich od. Korrosionschutzbinde
- Kreuzklemmen

# Planzeichnung der Äußeren Blitzschutzanlage

## Planzeichnung der Äußeren Blitzschutzanlage

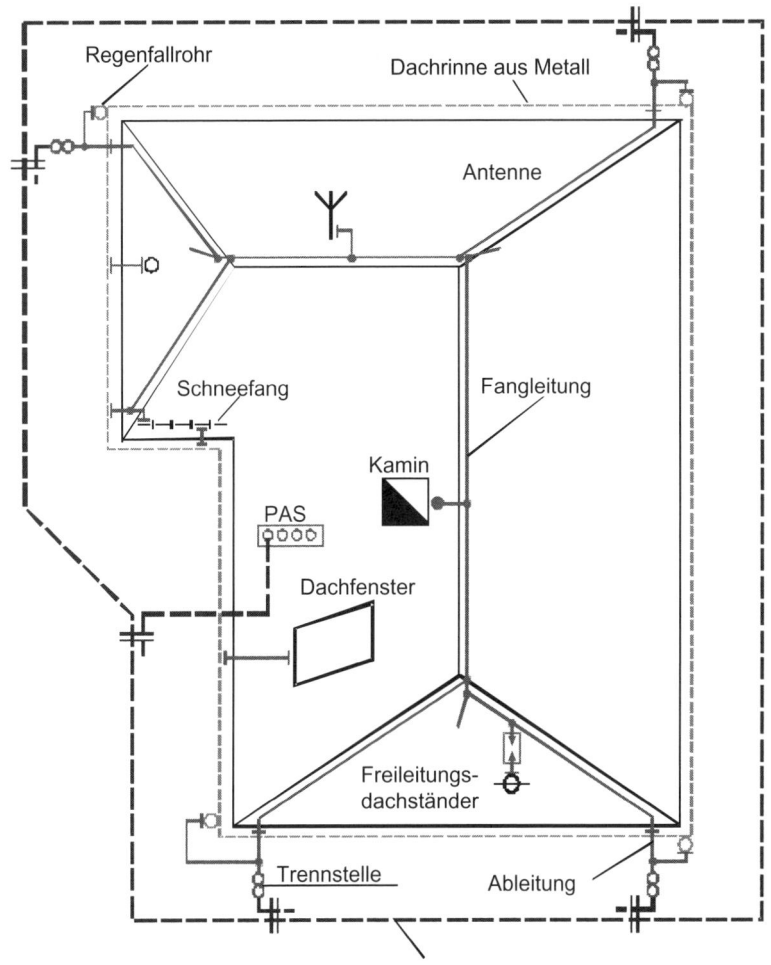

- Regenfallrohr
- Dachrinne aus Metall
- Antenne
- Schneefang
- Fangleitung
- Kamin
- PAS
- Dachfenster
- Freileitungsdachständer
- Trennstelle
- Ableitung

**Ringerder bzw. Oberflächenerder 0,5 m tief im Erdreich**

| Projekt: Blitzschutzanlage für ein Wohnhaus BauherrSchmidtmeier | | | Blitz Profi GmbH Wälderstraße 25 92318 Mustermarkt Tel: 4711 |
|---|---|---|---|
| M 1 : 100 | Projektnummer: 1024 | Datum: 23.09.98 | |

**Anhang**

## Blitzschutznormen

### VDE 0185 Teil 1 / 1982-11
Blitzschutzanlage
Allgemeines für das Errichten
Norm-Nr:   DIN 57185-1
VDE-Klass.:   VDE 0185 Teil 1

### VDE 0185 Teil 10 / 1999-02
Normentwurf
Blitzschutz baulicher Anlagen
Allgemeine Grundsätze
Norm-Nr:   DIN IEC 81/122/CD
VDE-Klass.:   E VDE 0185 Teil 10

### Vornorm VDE V 0185 Teil 100 / 1996-08
Blitzschutz baulicher Anlagen
Allgemeine Grundsätze
Norm-Nr:   Vornorm DIN V ENV 61024-1
VDE-Klass:   Vornorm VDE V 0185 Teil 100

### VDE 0185 Teil 101:1998-11
Normentwurf
Abschätzung des Schadensrisikos infolge Blitzschlags
Norm-Nr:   DIN IEC 61662
VDE-Klass.:   E VDE 0185 Teil 101

### VDE 0185 Teil 102:1999-02
Normentwurf
Blitzschutz baulicher Anlagen
Allgemeine Grundsätze – Anwendungsrichtlinie B:
Planung, Errichtung, Instandhaltung und Überprüfung von Blitzschutzsystemen
Norm-Nr:   DIN IEC 61024-1-2
VDE-Klass.:   E VDE 0185 Teil 102

**Blitzschutznormen**

## VDE 0185 Teil 103:1997-09
Schutz gegen elektromagnetischen Blitzimpuls
Allgemeine Grundsätze
Norm-Nr:   DIN VDE 0185-103
VDE-Klass.:   VDE 0185 Teil 103

## VDE 0185 Teil 104:1998-09
Normentwurf
Schutz gegen elektromagnetischen Blitzimpuls (LEMP)
Schirmung von baulichen Anlagen, Potentialausgleich innerhalb baulicher Anlagen und Erdung
Norm-Nr:   DIN IEC 81/105A/CDV
VDE-Klass.:   E VDE 0185 Teil 104

## VDE 0185 Teil 105:1998-04
Normentwurf
Schutz gegen elektromagnetischen Blitzimpuls
Schutz für bestehende Gebäude
Norm-Nr:   DIN IEC 81/106/CDV
VDE-Klass.:   E VDE 0185 Teil 105

## VDE 0185 Teil 106:1999-04
Normentwurf
Schutz gegen elektromagnetischen Blitzimpuls (LEMP)
Anforderungen an Störschutzgeräte (SPDs)
Norm-Nr:   DIN IEC 81/120/CDV
VDE-Klass.:   E VDE 0185 Teil 106

## VDE 0185 Teil 106/A1:1999-04
Normentwurf
Schutz gegen elektromagnetischen Blitzimpuls (LEMP)
Anforderungen an Störschutzgeräte (SPDs) – Koordination von SPDs in bestehenden Gebäuden
Norm-Nr:   DIN IEC 81/121/CD
VDE-Klass.:   E VDE 0185 Teil 106/A1

# Anhang

**VDE 0185 Teil 107:1999-01**
Normentwurf
Prüfparameter zur Simulation von Blitzwirkungen an Komponenten des Blitzschutzsystems
Norm-Nr:    DIN IEC 81/114/CD
VDE-Klass.: E VDE 0185 Teil 107

**Vornorm VDE V 0185 Teil 110:1997-01**
Blitzschutzsysteme
Leitfaden zur Prüfung von Blitzschutzsystemen
Norm-Nr:    Vornorm DIN V VDEV 0185-110
VDE-Klass.: Vornorm VDE V 0185 Teil 110

**VDE 0185 Teil 2:1982-11**
Blitzschutzanlage
Errichten besonderer Anlagen
Norm-Nr:    DIN 57185-2
VDE-Klass.: VDE 0185 Teil 2

**VDE 0185 Teil 201:2000-04**
Blitzschutzbauteile
Anforderungen für Verbindungsbauteile
Norm-Nr:    DIN EN 50164-1
VDE-Klass.: VDE 0185 Teil 201

**VDE 0185 Teil 312-5:2001-04**
Schutz gegen elektromagnetischen Blitzimpuls
Anwendungsrichtlinie
Norm-Nr:    DIN IEC 61312-5
VDE-Klass.: E VDE 0185 Teil 312-5

# Herstelleradressen

Folgende Liste erhebt keinen Anspruch auf Vollständigkeit!

## Erdung, Potientialausgleich, Blitz- und Überspannungsschutz

**Erdungsmaterial:**

- AMP Deutschland GmbH, Amperestr. 7–11, D-63225 Langen
- Erico GmbH, D-66851 Schwanenmühle, Tel. 06307/918-10
- Framatome Connectors Deutschland GmbH
- Hauff Technik GmbH & Co. KG, In den Stegwiesen 18, D-89542 Herbrechtingen
- Kleinhuis, Hermann GmbH & Co. KG, An der Steinert 1, D-58507 Lüdenscheid
- OBO Bettermann GmbH & Co., Hüingser Ring 52, D-58710 Menden
- Pröbster, J. GmbH, D-92318 Neumarkt
- Schroff GmbH, Langenalberstr. 96–100, D-75334 Strauben-hardt
- UGA Sicherheits-Systeme GmbH & Co. KG, Gartenstr. 28, D-89547 Gerstetten
- Werit Kunststoffwerke W. Schneider GmbH & Co, Kölner Str., D-57610 Altenkirchen

**Potientialausgleich:**

- Busch-Jaeger Elektro GmbH, Postfach 1280, D-58513 Lüden-scheid
- Kleinhuis, Hermann GmbH & Co. KG, An der Steinert 1, D-58507 Lüdenscheid
- murrplastik Systemtechnik GmbH, Fabrikstr. 10, D-71570 Oppenweiler

# Anhang

- OBO Bettermann GmbH & Co, Hüingser Ring 52, D-58710 Menden
- Phoenix Contact GmbH, D-32825 Blomberg
- Pröbster, J. GmbH, D-92318 Neumarkt
- Rittal-Werk, Rudolf Loh GmbH, Auf dem Stützelberg, D-35745 Herborn
- Werit Kunststoffwerke W. Schneider GmbH, Kölner Str., D-57610 Altenkirchen

**Äußerer Blitzschutz:**

- Kleinhuis, Hermann GmbH, An der Steinert 1, D-58507 Lüdenscheid
- OBO Bettermann GmbH, Hüingser Ring 52, D-58710 Men-den
- Pröbster, J. GmbH, D-92318 Neumarkt

**Innerer Blitzschutz:**

- Alarmcom Leutron GmbH, Bereich Überspannungsschutz, Humboldtstr. 30, D-70771 Leinfelden-Echterdingen
- Felten & Guilleaume Energietechnik AG, Schanzenstr. 24, D-51063 Köln
- Kleinhuis, Hermann GmbH, An der Steinert 1, D-58507 Lüdenscheid
- OBO Bettermann GmbH, Hüingser Ring 52, D-58710 Men-den
- Phoenix Contact GmbH, D-32825 Blomberg
- Popp GmbH, Kulmbacher Str. 27, D-95460 Bad Berneck
- Pröbster, J. GmbH, D-92318 Neumarkt
- Weidmüller GmbH, An der Talle 89, D-33102 Paderborn

**Herstelleradressen**

**Netzschutz:**
- Alarmcom Leutron GmbH, Bereich Überspannungsschutz, Humboldtstr. 30, D-70771 Leinfelden-Echterdingen
- Kleinhuis, Hermann GmbH, An der Steinert 1, D-58507 Lüdenscheid
- OBO Bettermann GmbH, Hüingser Ring 52, D-58710 Men-den
- Phoenix Contact GmbH, D-32825 Blomberg
- Pröbster, J. GmbH, D-92318 Neumarkt
- Wago Kontakttechnik GmbH, Hansastr. 27, D-32423 Minden

**Geräteschutz:**
- Alarmcom Leutron GmbH, Bereich Überspannungsschutz, Humboldtstr. 30, D-70771 Leinfelden-Echterdingen
- GB Electronic, Egelseestr. 16, D-86949 Windach
- Kleinhuis, Hermann GmbH, An der Steinert 1, D-58507 Lüdenscheid
- OBO Bettermann GmbH, Hüingser Ring 52, D-58710 Men-den
- Phoenix Contact GmbH, D-32825 Blomberg
- Pröbster, J. GmbH, D-92318 Neumarkt
- Rutenbeck, Wilhelm GmbH, Niederworth 1–10, D-58579 Schalksmühle
- Schroff GmbH, Langenalberstr. 96–100, D-75334 Straubenhardt

**Abschirmungen:**
- bst – Brandschutztechnik Döpfl GmbH, Albert-Schweizer-Gasse 6c, A-1140 Wien
- GB Electronic, Egelseestr. 16, D-86949 Windach

# Anhang

- Hummel Elektrotechnik GmbH, Merklinstr. 34, D-79183 Waldkirch
- Pröbster, J. GmbH, 92318 Neumarkt
- Rittal-Werk, Rudolf Loh GmbH, Auf dem Stützelberg, D-35745 Herborn
- Schroff GmbH, Langenalberstr. 96–100, D-75334 Strauben-hardt
- Wago Kontakttechnik GmbH, Hansastr. 27, D-32423 Minden
- Weidmüller GmbH, An der Talle 89, D-33102 Paderborn

**Materialien und Ausrüstungen zum Schutz gegen elektrostatische Aufladungen**

- Pröbster, J. GmbH, D-92318 Neumarkt
- Rittal-Werk, Rudolf Loh GmbH, Auf dem Stützelberg, D-35745 Herborn

**Funkenstörfilter:**

- Phoenix Contact GmbH, D-32825 Blomberg
- Popp GmbH, Kulmbacherstr. 27, D-95460 Bad Berneck
- Pröbster, J. GmbH, D-92318 Neumarkt
- Tesch GmbH, Gräfratherstr. 124, D-42329 Wuppertal

**Erdungsmessgeräte:**

- Chauvin, Arnoux GmbH, Straßburger Str. 34, D-77694 Kehl
- GMC-Instruments Deutschland GmbH, Thomas-Mann-Str. 16–20, D-90471 Nürnberg
- LEM Instruments GmbH, Marienbergstr. 80, D-90411 Nürnberg

# Internetadressen

## www.conrad.de

Conrad Electronic bietet eine faszinierende Entdeckungsreise durch die Welt der Elektrotechnik und Elektronik. Hier finden Sie viele technische Neuigkeiten mit interessanten Ideen und Möglichkeiten. Mit der neuen und erweiterten Navigation durch das große Sortiment ist es jetzt noch leichter, das Richtige aus einer Vielfalt von qualitativ hochwertigen und preisgünstigen Produkten auszuwählen. Unter **www.conrad.de** finden Sie das gesamte Onlinesortiment mit 50.000 Artikeln. Dazu erhalten Sie per Internet immer die aktuellsten Angebote. Die Inhalte werden ständig aktualisiert, reinklicken lohnt sich also immer wieder. Ganz gleich, ob Sie nun bei Conrad im Versand, per Internet oder in den Filialen einkaufen. Sie werden auch in

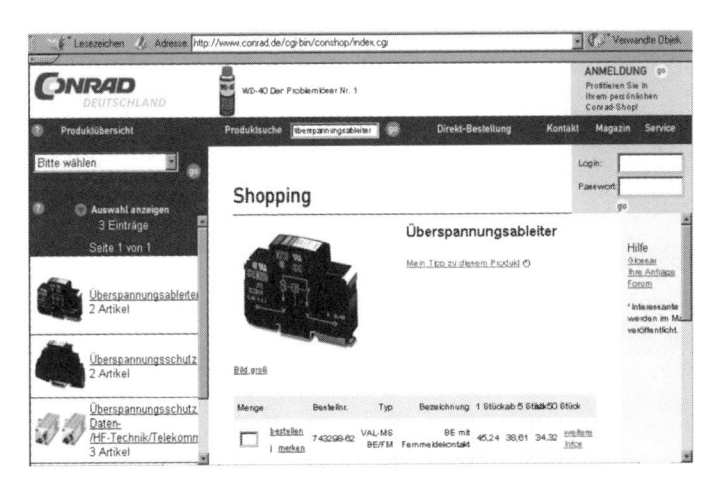

# Anhang

puncto Blitz- und Überspannungsschutz bei Conrad immer gut bedient und beraten.

**www.phoenixcontact.com**

PHÖNIX CONTACT zählt zu den führenden Herstellern folgender Produktlinien:

- Reihenklemmen,
- Industriesteckverbinder,
- Leiterplattenanschlusstechnik,
- Automation,
- Interfacetechnik,
- Überspannungsschutz.

Die Gesamtinvestitionen am Standort Blomberg von ca. 60 Mio. DM im Jahre 2000 kommen im Wesentlichen einer Verbesserung der Logistik und dem Ausbau von Serviceleistungen zu Gute. Die breite Produktpalette mit mehr als 20.000 Artikeln deckt weite Bereiche der Elektrotechnik ab. Mit der Produktreihe TRABTECH bietet PHOENIX CONTACT den kompletten Über-

# Internetadressen

spannungsschutz von der Stromversorgung über die Mess-,

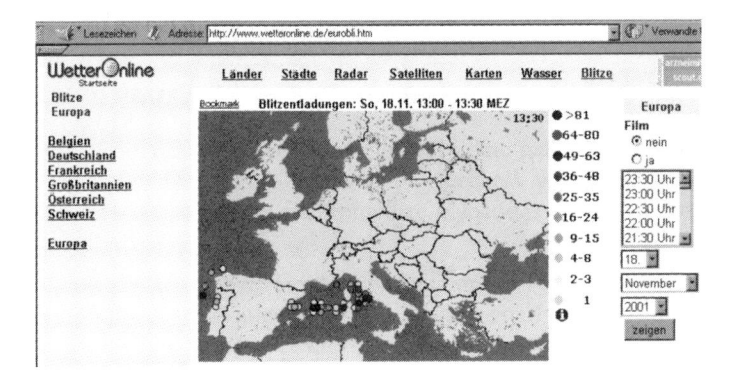

Steuer- und Regeltechnik, Telekommunikations- und Datennetzen bis hin zum Schutz für Sende- und Empfangsanlagen.

## www.wetteronline.de

WetterOnline wird mit weit über 30 Millionen Seitenaufrufen (IVW) häufiger als jedes andere Wetterangebot im deutschsprachigen Raum genutzt. Damit hat WetterOnline seine Marktführerschaft im Internet weiter ausgebaut. Der Grund für die Beliebtheit des Anbieters von meteorologischen Dienstleistungen ist die Art und Weise, wie die Daten zum weltweiten Wettergeschehen aufbereitet und dargestellt werden. Wem zum Beispiel das mitteleuropäische Novemberwetter zu viele Gewitter enthält, der kann sich schnell einen Ort suchen, der zu dieser Zeit von Blitz und Donner verschont bleibt (siehe Bild).

## www.proepster.de

Die 30-jährige Erfahrung des Firmengründers Johann Pröpster sen. in Konstruktion, Entwicklung und Fertigung für die Bereiche der Blitzschutztechnik sind Grundlage des erfolgreichen Unternehmens.

**Anhang**

Nach dem Motto *mit Sicherheit immer eine Idee voraus* fertigt die Firma Pröpster seit 15 Jahren Blitzschutz-Bauteile, die sich inzwischen weltweit bewährt haben. Durch die multifunktionalen Bauteile, die Pröpster für die Errichtung von Äußeren Blitzschutzanlagen herstellt, ist es heute möglich, mit nur wenigen Komponenten eine ordnungsgemäße Blitzschutz-Anlage aufzubauen. Als erfahrene Praktiker optimieren Pröpster junior

## Internetadressen

und senior ständig ihre Blitzschutz-Produktpalette. Die Fertigung von Sonderbauteilen nach Kundenwunsch (auch in Kleinserien) ist bei dieser Firma eine Selbstverständlichkeit.

### www.bettermann.de

OBO Bettermann ist ein Hersteller, der eine ganze Bandbreite von Produkten der Elektroinstallationstechnik vertritt und aus einer Hand Konzepte für komplexe Gebäudesystemtechniken anbietet.
In allen Erdteilen werden die Produkte dieser Firma eingesetzt. Für OBO ist es gelebte Realität, in Zusammenarbeit mit Planern und Elektroinstallateuren an ehrgeizigen Projekten zu arbeiten.

Individuelle Planungen, die nach spezifischen Lösungen verlangen, stellen immer wieder neue Herausforderungen für dieses Unternehmen dar. Neben der Herstellung von Verbindungs-, Befestigungs-, Kabeltrag-, Brandschutz-, Leitungsführungs-, und Unterflur-Systemen ist OBO Bettermann auch einer der größten Hersteller von Produkten bzw. Systemen für den Äußeren und Inneren Blitzschutz.

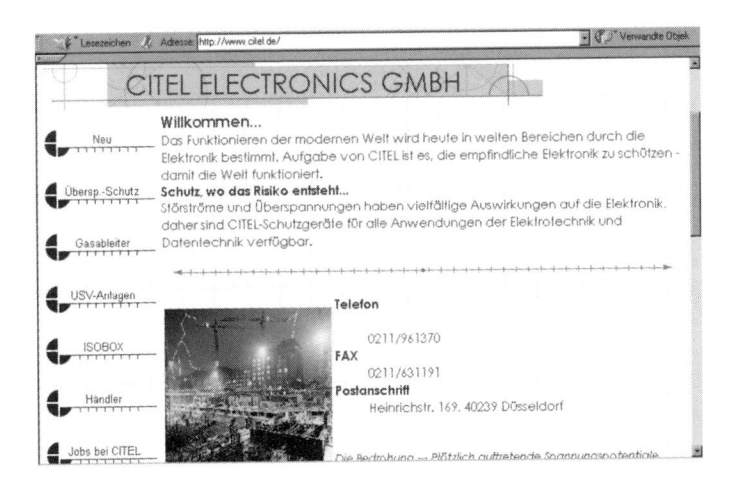

# Anhang

## USV-Anlagen

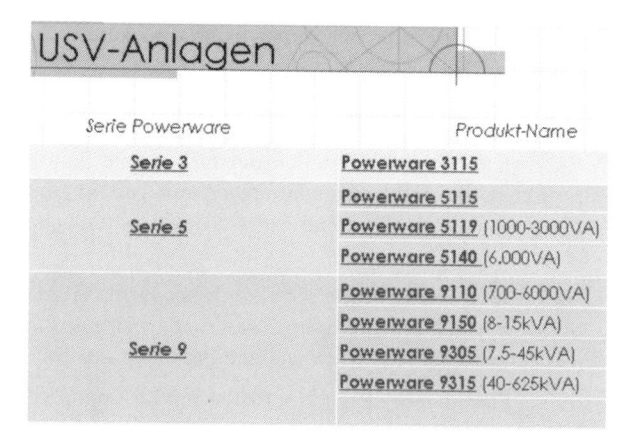

| Serie Powerware | Produkt-Name |
|---|---|
| Serie 3 | Powerware 3115 |
| Serie 5 | Powerware 5115 |
|  | Powerware 5119 (1000-3000VA) |
|  | Powerware 5140 (6.000VA) |
| Serie 9 | Powerware 9110 (700-6000VA) |
|  | Powerware 9150 (8-15kVA) |
|  | Powerware 9305 (7.5-45kVA) |
|  | Powerware 9315 (40-625kVA) |

## www.citel.de

CITEL bietet neben einer reichhaltigen Auswahl an Überspannungsschutzprodukten auch ein umfangreiches Angebot an USV-Anlagen (unterbrechungsfreie Stromversorgungen); eine sachkundige sowie fachkompetente Beratung ist bei der Firma Citel selbstverständlich.

**Citel USV-Serie Powerware**

Die Citel USV-Anlagen schützen gegen:
- Stromausfall
- Spannungseinbrüche
- Stromstöße
- Unterspannung
- Überspannung
- Schaltspitzen
- Störspannungen
- Frequenzabweichungen
- Harmonische Oberwellen

## www.kleinhuis.de

**Internetadressen**

Kleinhuis ist ein bedeutender Hersteller von Produkten für die Elektroinstallation. Unter anderem werden bei dieser Firma wertvolle Produkte für Erdung, Blitz- und Überspannungsschutz produziert.

Zu den Grundprinzipien von Kleinhuis gehört nicht nur eine hochwertige Produktpolitik, sondern auch eine partnerschaftliche Vertriebspolitik. Deshalb praktiziert Kleinhuis mit seinen Vertretungen in ganz Europa den 3-stufigen Fachvertrieb und bedient das Elektrohandwerk und die Industrie über den beratungsstarken Großhandel in Ihrer direkten Nähe.

# Anhang

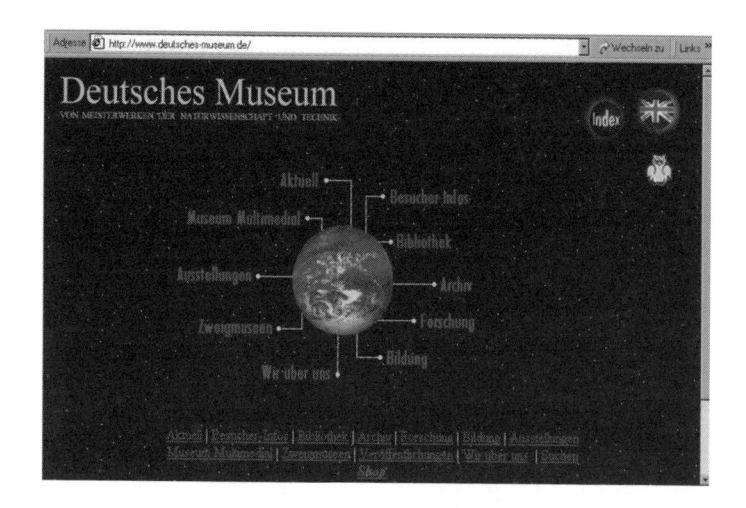

**www.bodo-kroll.de/stories/blitz.htm**

Seltsame und mystische Geschichte eines Degenfechters, der auf seiner Kawasaki vom Blitz getroffen wurde und danach in ein paralleles Universum gelangte.

Photos aus der Hochspannungsvorführung:

**www.deutsches-museum.de**

Das Deutsche Museum zeigt Experimente mit Wechselspannung bis zu 300.000 Volt und mit Wechselströmen bis zu 1.000 Ampere und solche mit impulsartigen Spannungen, die Blitzeinschläge simulieren und ihren Höchstwert von 800.000 Volt in zwei Millionstel Sekunden erreichen. Damit wird mittels Haus- und Kirchturmmodellen die Wirksamkeit unterschiedlicher Er-

## Internetadressen

dungsmaßnahmen beim Blitzeinschlag simuliert, so wie es Benjamin Franklin 1750 vorgeschlagen hatte.

http://www.deutsches-museum.de/ausstell/dauer/starkst/strom3.htm#spannung

**www.b-s-technic.de**

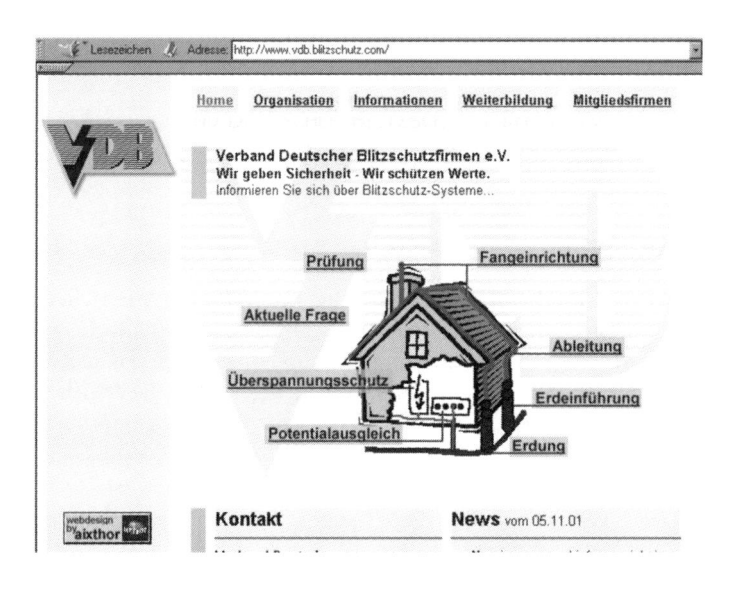

# Anhang

Die Firma B-S ist Hersteller von Materialien, die für die Errichtung eines Äußeren Blitzschutzes wichtig sind. Dieses Unternehmen ist so innovativ, dass sich der Bau und die Gestaltung von Blitzschutzanlagen nachhaltig verändert. Infolge dessen führt es zu zahlreichen Nachahmungen, auch durch die Marktführer. Zu erwähnen sind hier die Einführung von Edelstahl und die darauffolgende Verdrängung verzinkter Dachleitungsträger sowie diverser Schnapphalter aus hochwertigem Nylon und Edelstählen. Gegenwärtig ist B-S als kleines mittelständisches Unternehmen mit jährlich steigenden Umsätzen auf Erfolgskurs. Die Zukunft sichert dieses Unternehmen durch Kundenzufriedenheit, die es durch hohe Qualität, schnelle Lieferungen und günstige Preise erreicht, sowie durch ständige Erweiterung und Verbesserung der Produktpalette.

**www.vdb.blitzschutz.com**

Der VDB (Verband Deutscher Blitzschutzfirmen) Blitzschutz verfolgt mit seinen Absichten die Förderung qualitativ hochwertiger Arbeit, die Entwicklung richtungsweisender Standards und die stete Anpassung des Blitzschutzes an den technischen Fortschritt. Weiterhin stellt der VDB grundlegendes Informationsmaterial und verschiedene VDB-Werbeträger bereit. Diese werden in den VDB-Internetseiten aufgeführt.

## Internetadressen

### www.aixthor.com

Aix Thor bietet Software-Lösungen für die Berechnungen zum Blitzschutz an:

Blitzschutzklassenberechnung nach DIN V ENV 61024-1 und die neue Aix Thor-Software zur IEC 61662.

Darüber hinaus steht eine kostenlose Demoversion in den Aix-Thor-Internetseiten zum Herunterladen bereit.

### www.blitzschutz.de

Blitzschutz-Online hat es zum wiederholten Male geschafft, in das Buch „Die 6.000 wichtigsten deutschen Internet-Adressen" aufgenommen zu werden. Blitzschutz Online macht es sich zur Aufgabe, Informationen für den Bereich Blitzschutz zum Vorteil aller Interessierten und Beteiligten optimal sortiert und ständig aktualisiert bereitzustellen. Neben einer allgemeinen, kurzen Abhandlung über Blitze und deren Gefahren finden Sie unter der Rubrik Fundstücke auch interessante Zeitungsausschnitte

# Anhang

über die spektakulärsten Blitzschäden der letzten Jahre. Der Link „Infos" beinhaltet Artikel und viel Wissenswertes zum Thema Blitzschutz. Darüber hinaus bietet Blitzschutz-Online

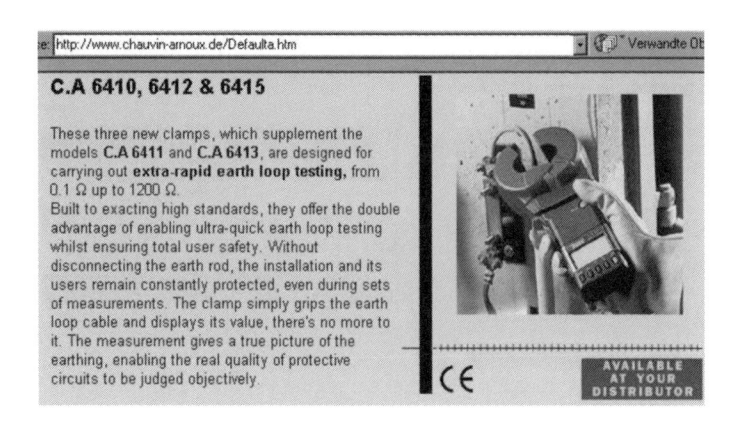

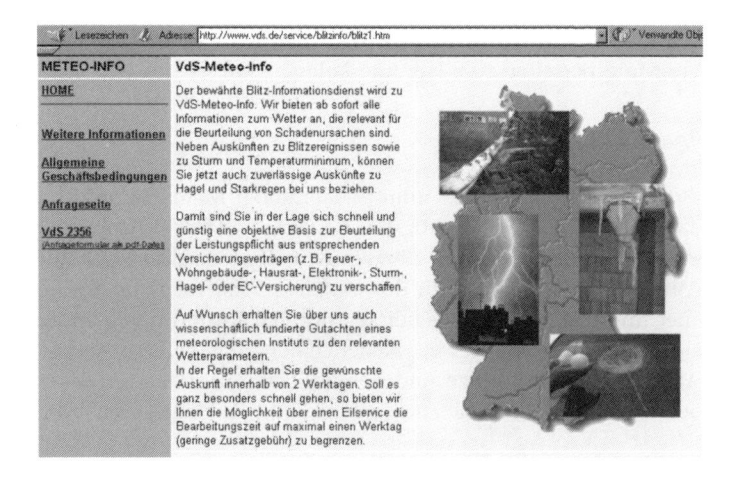

## Internetadressen

unter „Hotlinks" folgende Top-Adressen im Netz, nicht nur

zum Thema Blitzschutz:
- BLDN – Blitzortung in den BeNeLux-Ländern
- BLIDS – der Blitz-Informations-Dienst von Siemens
- VdS-Schadenverhütung
- VDE-Ausschuss Blitzschutz und Blitzforschung
- Infos zum Thema Gewitter

# Anhang

- Themen rund ums Dach

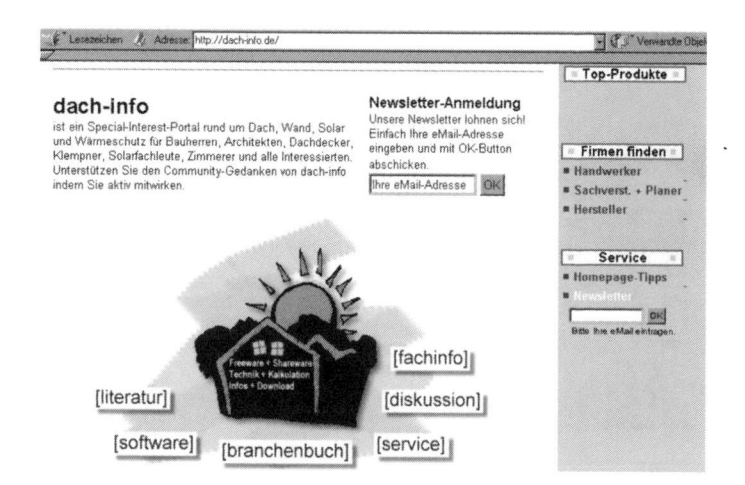

- Lexikon zur Sach-/Feuerversicherung
- Baulexikon – Wissenswertes von A bis Z

**www.chauvin-arnoux.de**

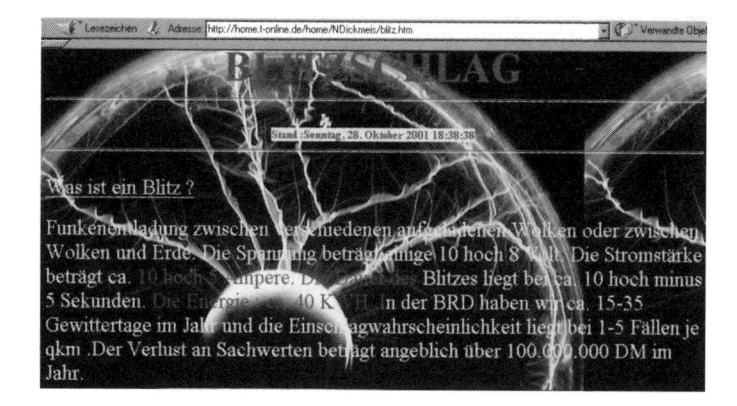

# Internetadressen

Chauvin-Arnoux ist ein führender Hersteller von Mess- und Prüfgeräten.

## www.vds.de

## www.baumarkt.de

## www.baumarkt.de/b_markt/fr_info/gewitter.htm

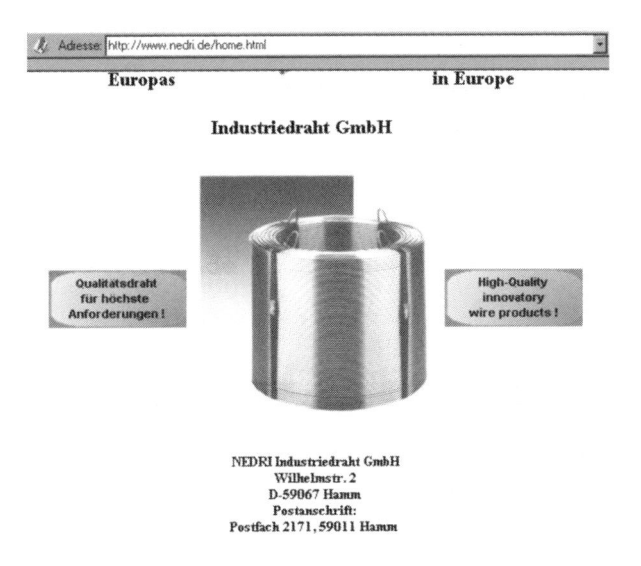

Dieser Online-Dienst wendet sich an alle, die bauen, ausbauen, anbauen, sanieren und renovieren. Durch eine sehr einfache Menüführung oder über die Suchmaschine werden Sie zu Produkten, Herstellern und Handelsunternehmen geführt. „baumarkt.de" deckt den ganzen Baumarkt ab – vom Keller bis zum Dach – und bietet darüber hinaus eine Menge an Informationen zum Thema Blitz und Donner.

## dach-info.de

# Anhang

Dach-Info bietet viele Informationen rund ums Dach sowie den

Software-Download für mehrere PC-Programme, zu denen zum Beispiel auch ein Freeware-Programm gehört, das die Windlastberechnung für auf dem Dach montierte Solarmodule ermöglicht.

## home.t-online.de/home/NDickmeis/blitz.htm

Ein sehr schön gemachtes Lexikon, das sich für den Hausgebrauch gut eignet. Die Schwerpunkte des Lexikons liegen in den Bereichen: Wirtschaft, Recht, Wissenschaft, Versicherungswesen, Technik, Biologie, Physik, Chemie und Astronomie. Weiterhin befindet sich in diesem Online-Lexikon auch viel Wissenswertes

zum Thema Blitzschlag und Gewitter.

## Internetadressen

**www.nedri.de**

Die Firma Nedri ist der führende Hersteller von Blitzableiterdrähten in Europa.

**NEDRI Industriedraht GmbH**
Wilhelmstr. 2
D-59067 Hamm

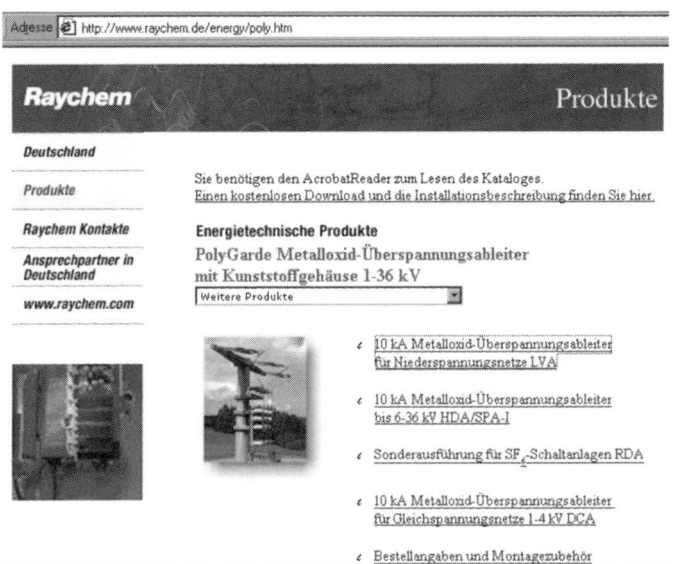

Postfach 2171
59011 Hamm

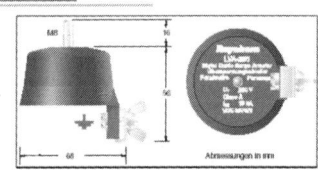

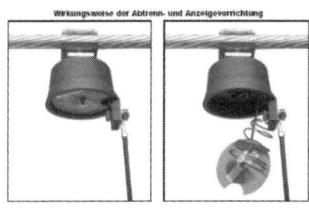

**www.va.austriadraht.at/
langproduktegruppe**

# Anhang

VOEST-ALPINE AUSTRIA DRAHT steht für Qualität, Flexibili-

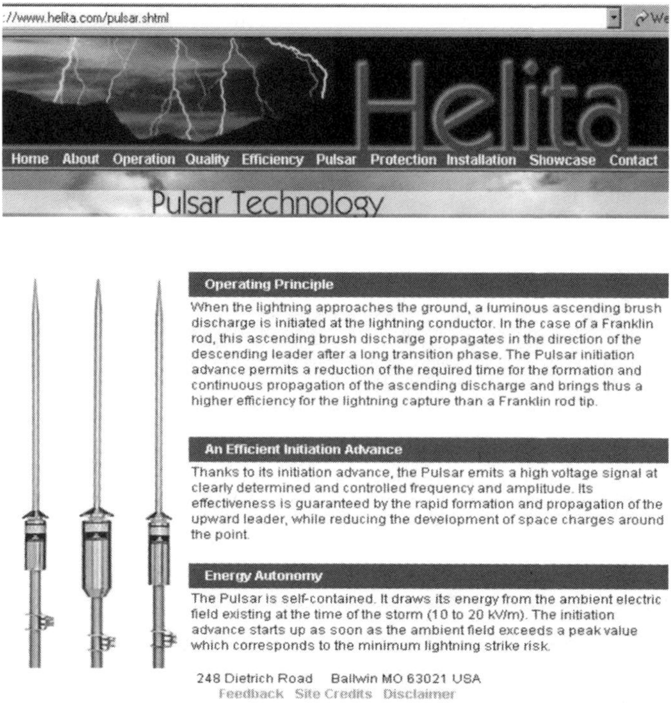

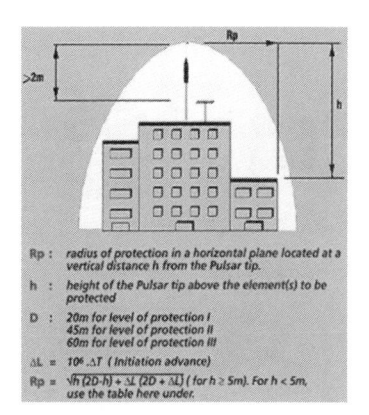

tät, Zuverlässigkeit und Problemlösungskompetenz. Gut ist für Austria Draht, was hilft, die Produktideen der Auftraggeber kostengünstig und bedarfsgerecht zu realisieren, und gut ist, was in der Weiterverarbeitung optimale Ergebnisse sicherstellt. Unter beiden Aspekten sind die Austria-Drahthersteller in Bruck an der Mur ganz schön auf Draht.

**www.hofi.de**

## Internetadressen

Hofi ist ein relativ unbekannter Hersteller von koaxialen Überspannungsschutzgeräten für die Funktechnik.

### www.raychem.de

Raychem ist ein weltweites Technologieunternehmen mit Hauptsitz in Menlo Parc, Kalifornien. Dieses Unternehmen ist Marktführer auf dem Gebiet der molekular vernetzten Kunststoffe und anerkannter Entwickler einer Reihe von innovativen Technologien. Raychem-Produkte bieten zuverlässige, wirtschaftliche und umweltfreundliche Lösungen für eine Vielzahl von Anwendungen.

Raychem hat sich auf folgende Märkte spezialisiert: Elektrische Energieverteilung, Automo-biltechnik, Computerindustrie, Medizintechnik, Wehrtechnik, Telekommunikation, Bau- und Verfahrenstechnik sowie Korrosionsschutz- und Rohrverbindungs-

# Anhang

technik. Darüber hinaus ist Raychem ein namhafter Hersteller

**Institut für Meteorologie**

von Überspannungsableitern für Nieder- und Mittelspannungs-Freileitungsnetze.

**Kugelblitz ueber Neuruppin**

Im Januar 1994 wurde in Neuruppin (Brandenburg/Ostprignitz) ein Kugelblitz beobachtet. Die Sensation an dieser Sache ist, dass es bis heute Wissenschaftler gibt, die die Existenz von Kugelblitzen abstreiten. Jedoch darf man nie vergessen, dass "Wissenschaftler" - so lehrt uns die Geschichte - schon viel abgestritten haben. So galt als gesichert, dass die Erde eine Scheibe ist, dass sich die Sonne um die Erde dreht oder dass der Mensch niemals fliegen wird, da der menschliche Körper eine Geschwindigkeit von mehr als 30 km/h nicht überleben kann. Wie gesagt, das waren "gesicherte" Erkenntnisse der Wissenschaft. Deshalb sollte man sich nicht treu ergeben dazu hinreissen lassen zu behaupten, es gäbe keine Kugelblitze, da irgendwelche Wissenschaftler zu ihrer PERSÖNLICHEN Schlussfolgerung gekommen sind, dass es nun einmal keine Kugelblitze gibt.

Nun wurde in Neuruppin jedoch nicht nur von Laien, sondern auch von erfahrenen und ausgebildeten Wetterbeobachtern eine solche Erscheinung gesichtet.

**www.helita.com**

In einigen Ländern, zu denen auch Frankreich gehört, sind ionisierende Fangspitzen als Blitzschutz für Gebäude zulässig. Man

**Vorarlberger Naturschau**

Das Naturmuseum Vorarlbergs

## Internetadressen

| Bibliothekskatalog | Heilsteine? | Igel | Geologie auf Ansichtskarten |
|---|---|---|---|
| Vögel im Winter | Gewitter | Kugelblitz | Vorarlberger Geotopinventar |
| Bildschirmschoner | Ameisen | Felssturz | Orchideen | Mineralien |

unterscheidet zwei unterschiedlich wirkende Fangspitzen. Bei der einen Funktionsweise wird der Blitz von der Fangspitze angezogen und über die daran angeschlossene Leitung zerstörungsfrei ins Erdreich geleitet. Das andere Prinzip soll verhindern, dass sich innerhalb eines bestimmten Bereiches Ladungsträger aufbauen, so dass Blitze nur neben dem mit einer Fangstange geschützten Haus einschlagen können. Zu den bekanntesten Fangspitzenherstellern gehört die Firma Helita.

### www.spherics.de

Die Firma SPHERICS Mess- und Analysetechnik GmbH besteht seit 1993. Sie beschäftigt sich mit der Messung und Auswertung elektromagnetischer Langwellensignale atmosphärischen Ursprungs. Diese natürlichen Signale, sogenannte Spherics, werden in der Auswertung bestimmten Wetterereignissen zugeordnet. Durch das Verfahren der Firma Spherics wird eine neue Qualität zeitlicher wie auch räumlicher Präzision in der kurzfristigen Wettervorhersage erreicht. Diese sind für viele Un-

# Anhang

ternehmen von hoher wirtschaftlicher Relevanz. Die dazu notwendigen Mess- und Analyseverfahren wurden im Hause Spherics entwickelt und sind weltweit patentiert. Mittlerweile

◄ ► Erdung, Isolation, Niederohm - Prüftechnik - elektrisch - Produkte
**GEOHM C** (M690A)

Erdungsmessgerät, batteriebetrieben (auch für spezifische Erdwiderstandsmessungen)

Kompaktes, handliches, menuegeführtes Erdungswiderstandsmeßgerät für 3- und 4-Leitermessungen. Ständige Überwachung von Störspannungen und Hilfserder-/ und Sonderwiderstand mit Signalisierung bei Überschreitung der zul. Grenzwerte. Komplettanzeige aller notwendigen Werte auf großem Punktmatrixdisplay oder Warnung über 4 LED´s. Sehr verständliche und einfache Bedienung mittels 4 Tasten.

- Erdungswiderstandsmessung in 5 Bereichen bis 50 kW
- Spannungsmessung 10...260 V
- Frequenzmessung 45...200 Hz
- Batterie-/Akkukontrolle und Selbsttest
- Eingebauter Speicher mit IrDA-Schnittstelle
- Werkskalibrierzertifikat
- Äußerst robustes Gehäuse in 2K-Technik
- Erdungsmessgerät nach DIN VDE 0413 Teil 5

Produkt des Monats
Information des Monats

ist die Entwicklung so weit fortgeschritten, dass das Unternehmen über ein Sortiment von qualitativ hochwertigen Vorhersageprodukten auf exzellenter wissenschaftlicher Grundlage verfügt, um Kunden Dienstleistungen anzubieten, die ihnen offensichtliche wirtschaftliche Vorteile bringen.

**www.met.fu-berlin.de**

Das Institut für Meteorologie befasst sich mit der allgemeinen Meteorologie und mit globalen Umweltveränderungen. Unter

## Internetadressen

Zwischen zwei Elektroden haben die Forscher 3 Millionen Volt Spannung angelegt, die ein hochintensiver Laserstrahl zielgerichtet und kontrolliert entlädt - deshalb hat dieser künstliche Blitz eineschnurgerade Linie. (Dateigröße: 1030 kb) (Quelle: Uni Jena/FU Berlin/TU Berlin, Deutschland)

anderem enthalten die Seiten auch einen interessanten Bericht über Kugelblitze. Reinklicken lohnt sich!

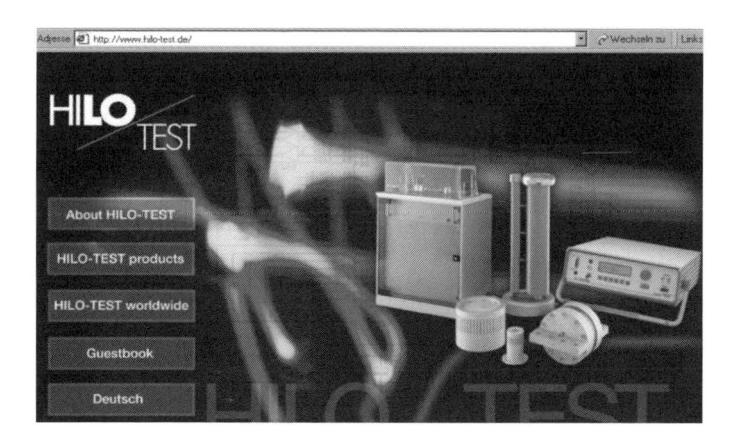

### www.naturschau.at

Die Vorarlberger Naturschau ist in Österreich das naturhistorische Museum des Bundeslandes Vorarlberg. Auf rund 2.000 Quadratmetern Ausstellungsfläche, verteilt auf drei Stockwerke, wird dem Besucher die belebte und unbelebte Vorarlberger Natur vorgestellt. Der Gründer Dr. Siegfried Fussenegger aus Dornbirn (1894–1966) sammelte in jahrzehntelanger Kleinarbeit geologisches und biologisches Material und legte damit den maßgeblichen Grundstein für das heutige Naturmuseum. Die Internetseiten des Museums bieten viel Wissenswertes auch über Gewitter und deren Kugelblitze.

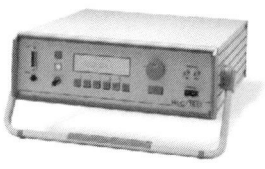

### www.gmc-instruments.de

## Die erfolgreiche Montage einer SAT-Anlage

*H.J. Geist*

Mit einem auch für Laien verständlich geschriebenen Text, der alle wichtigen handwerklichen und technischen Informationen für die Planung, Installation, Inbetriebnahme und Nachrüstung von Satellitenempfangsanlagen enthält, wird mit vielen Beispielen, Bildern und Planzeichnungen die Vorgehensweise bis ins Detail dargestellt.

Ein weiteres wichtiges Thema in diesem Buch ist die Mehrteilnehmeranlage, die es, mit einem oder mehreren Nachbarn gemeinsam gekauft, ermöglicht, Geld zu sparen, und die Gebäude vor unkontrolliertem Schüsselwuchs bewahrt.

253 Seiten, zahlreiche Abbildungen und Tabellen + 3,5" Diskette mit dem Programm TV-SAT.

€ 29,80

*Neu im Buch: Digitaler SAT-Empfang*

## Elektroinstallation, Planung und Ausführung

*H.J. Geist*

Von einfachen Installationsschaltungen bis hin zu der Montage von Antennen und Telefonanlagen zeigt Ihnen dieses Buch alles was für Planung, Ausführung und Prüfung von elektrischen Anlagen wichtig ist. Nicht nur Grundlagen der Befestigungstechnik, Elektrotechnik, und Elektroinstallation werden hier vermittelt, sondern alle üblichen Installationspraktiken haben wir für Sie, mit sehr vielen Bildern und Planzeichnungen, anschaulich dargestellt.

Darüber hinaus wird auch der gesamte Weg der Elektrizität von der Stromerzeugung im Kraftwerk bis hin zur Steckdose ausführlich beschrieben.

**400** Seiten, **567** Bilder, Zeichnungen und Tabellen + **CD**-ROM.

€ 34,80

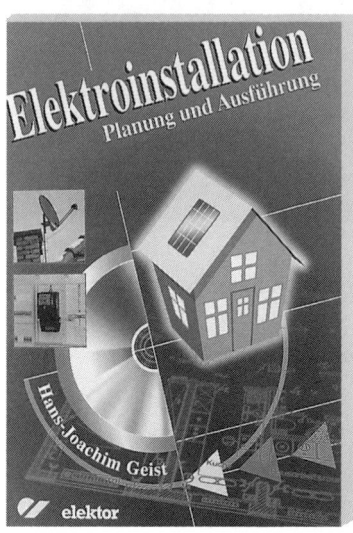

*Besonders wertvoll, lehrreich und informativ*

## Großes Praxisbuch der Kommunikationstechnik

*H.J. Geist*

Die modernen Kommunikationstechniken mit ihren Möglichkeiten, wirken auf manchen wie ein undurchdringbarer Dschungel, in dem man hoffnungslos verloren ist. Dieses Praxisbuch hilft, das Dickicht zu überwinden. Von der einfachen Montage eines Telefonapparates über die Installation von modernen ISDN-Anlagen, bis hin zum schnellen ADSL-Internet-Anschluss, ist in diesem Buch alles beschrieben. Darüber hinaus erklärt der Autor drahtlose Kommunikations- einrichtungen, zu denen Satelliten-, Mobil-, Bündel-, CB-, LPD-, Freenet- und Amateurfunk gehören.

320 Seiten + CD-ROM mit einigen Vollversionen und viel Freeware.

€ 34,80

*Besonders wertvoll, lehrreich und informativ*